博碩文化

博碩文化

iThome
鐵人賽

博碩文化

Arduino 自造趣

結合 JavaScript x Vue x Phaser 輕鬆打造個人遊戲機

林昰辰 著

2021 iThome 鐵人賽 佳作 iT邦幫忙

原來網頁還可以這樣玩？融合電子電路與網頁，一起打造有趣的遊戲吧！

圖解說明
電路不會接電學太抽象
一起看圖說故事吧！

由淺入深
從文檔開始學會讀懂
Firmata 協定

應用程式網頁
建構一個仿 windows
的多功能網頁

跨領域整合
讓 Web 不只有畫面
還能與硬體產生互動

本書如有破損或裝訂錯誤，請寄回本公司更換

作　　者：林昰辰
責任編輯：林楷倫

董 事 長：陳來勝
總 編 輯：陳錦輝
出　　版：博碩文化股份有限公司
地　　址：221 新北市汐止區新台五路一段 112 號 10 樓 A 棟
　　　　　電話 (02) 2696-2869　傳真 (02) 2696-2867
發　　行：博碩文化股份有限公司

郵撥帳號：17484299　戶名：博碩文化股份有限公司
博碩網站：http://www.drmaster.com.tw
讀者服務信箱：dr26962869@gmail.com
訂購服務專線：(02) 2696-2869 分機 238、519
（週一至週五 09:30 ～ 12:00；13:30 ～ 17:00）

版　　次：2022 年 12 月初版一刷
建議零售價：新台幣 690 元
I S B N：978-626-333-313-0（平裝）
律師顧問：鳴權法律事務所 陳曉鳴 律師

國家圖書館出版品預行編目資料

Arduino自造趣：結合 JavaScript x Vue x Phaser 輕鬆打造個人遊戲機 / 林昰辰著. -- 初版. -- 新北市：博碩文化股份有限公司, 2022.12

面；　公分 --（iThome 鐵人賽系列書）

ISBN 978-626-333-313-0(平裝)

1.CST: 電腦資訊業　2.CST: 數位產品
3.CST: 電腦遊戲

484.6　　111018611

Printed in Taiwan

商標聲明

本書中所引用之商標、產品名稱分屬各公司所有，本書引用純屬介紹之用，並無任何侵害之意。

有限擔保責任聲明

雖然作者與出版社已全力編輯與製作本書，唯不擔保本書及其所附媒體無任何瑕疵；亦不為使用本書而引起之衍生利益損失或意外損毀之損失擔保責任。即使本公司先前已被告知前述損毀之發生。本公司依本書所負之責任，僅限於台端對本書所付之實際價款。

推薦序

感謝是辰邀請我寫序，大概在 2016 年時，我開設了動態互動網頁程式入門的課程，當時我意識到，雖然坊間的教學很多，但如果想要做出一個設計、動態與功能性都精緻的網站，常常遇到設計師做出的設計稿，工程師接過卻無法實現的情況，如果是設計師想要自己寫出網頁，又是一件難以學習的艱難任務，於是綜合了兩個領域的專長，我把課程設定為要讓設計師進化，掌握了工程能力之後，更是一個創作的媒介讓互動網頁作品昇華，後來有成功的讓很多同學跨界發展，很榮幸能夠間接促成這本書的誕生，看見是辰將網頁、軟體與韌體整合教學推廣跨生態系的教學。

第一次看到是辰的教學時，電機背景的我對於訊號跟微控版覺得超級親切，以前總是用微控版測試做一些簡易的邏輯運算或解題，而這本書很珍貴的部分，在於是辰完整的用一個遊戲案例貫穿了軟硬體整合技術的應用，不只讓讀者知道怎麼做，更知道目標在哪，為什麼而做，以及為什麼而學，我很喜歡藉由真實世界應用往下拆解所有必要領域知識應用的教學方式，也更能協助學習者掌握跟對於知識舉一反三，讓同學長出解決問題的能力。

此書在軟硬體整合上有很用心的琢磨，用平易近人的介紹一步步引領人使用現代建構完整的系統與測試，軟硬體整合與網路介面是未來的趨勢，未來隨著越來越多的應用程式支援 Web Serial API 介面，JavaScript 的影響力從單純網站擴張到硬體設備控制、音訊、即時訊號處理、資料庫管理，是即有可能成為主流生態系的共通語言，誠摯的為大家推薦此書，跟上未來技術發展的趨勢，從製作遊戲到一起成為跨領域的開發者與創作者！

吳哲宇

墨雨設計創辦人、新媒體藝術家

序

硬體、韌體、軟體的奇幻旅程

回想自身技術發展歷程，還真的是個奇幻旅程。

大學是機械、自動控制工程出身，頂多旁聽過資工的課程，對於程式的理解是 printf("Hello World\n")，而網站開發的認識則停留在 Dreamweaver。

因為要透過單晶片控制致動器、連接感測器，所以從 C 開始學，後來因為常常被問「所以我說那個 UI 呢？」，所以嘗試了 C#、Qt、Java，後來因為參加比賽需要網頁展示，從此開了新坑。

就這麼一直到了現在，覺得 HTML、CSS 的介面表現能力真的很不錯，日新月異的前端技術幾乎讓 Web 無所不能（Lottie、GLSL、Three.js、TensorFlow.js 以及各種 Web API）。

隨著瀏覽器支援的 Web API 越來越豐富，有一天我注意到了「Web Serial API」這個神奇的東東。

以往 JS 沒有權限能夠存取作業系統底層 API，所以要做串列通訊都需要一個中介伺服器轉送資料，但是透過 Web Serial API 就可以直接透過瀏覽器進行串列通訊了！於是這個主題就這麼誕生了。

這本書可以學到哪些知識

❑ 讓 JavaScript 跨出 Web 領域

隨著瀏覽器的蓬勃發展與前後端分離架構趨勢，JavaScript 除了常見的 Web、Server（Node.js、Deno）應用場合，透過瀏覽器提供的 Web APIs，現在 JavaScript 可以取得 GPS、加速度計、照度計、麥克風、攝影機等等存取權限。

基於上述理由，JavaScript 已經可以在客戶端實現非常複雜的應用功能，本書將透過電子電路與 Web 整合，完整實現一個複雜的應用程式。

❑ 寓教於樂

本書應用情境將以各類遊戲為主，了解電子訊號如何與遊戲結合。透過遊戲與技術的連結，讓讀者能夠從底層了解運作原理且不會枯燥乏味。

❑ 由淺入深

本書將依序介紹 Vue、Quasar、Firmata、各類電路等等技術，讓讀者可以循序漸進的認識相關技術，並整合這些技術、設計情境，透過一層一層堆疊，最終淬鍊出一個完整的應用程式。

❑ 設計與分析

軟體開發領域的工程師一定都知道一個永遠不變的道理，就是「技術會不斷更新」。

本書在設計應用情境章節時，會先從需求分析、設計草稿開始，因為技術會變，但是設計與分析的過程基本上大同小異，學會「如何分析、解決問題等等技能」遠比「學會使用工具或某項技術」還重要。

「技術只能用一時，但技能可以用一世」

雖然主題有硬體與韌體，但主軸還是著重於 Web 開發，所以裡面只會用到極少量的硬體與韌體，而且會盡可能搭配圖解說明，請安心服用。（如果有人想著重硬體與韌體開發，可以向出版社許願）

本書主要規劃結構如下為：

1. 認識硬體、韌體與通訊協定：透過 Arduino 這個最容易入門的平台認識韌體與電子電路。
2. 建立前端開發環境：介紹在此專案中使用的各類套件與工具。
3. Vue 簡易入門：帶領讀者認識、複習 Vue 概念，並介紹 TypeScript。
4. 通訊與基本電子訊號：介紹串列通訊協定內容與數位、類比等等常見電子訊號。
5. 綜合應用：融會貫通以上內容，建立應用程式與遊戲，在實做中學習。

以上過程中我們會完成以下幾點項目：

1. 透過 Web Serial API 取得 MCU 資料
2. 讀懂 Firmata 通訊協定
3. 使用 Vue 建立介面，展示、發送資料
4. 建立網頁遊戲並使用按鈕、搖桿控制

本書推薦的閱讀姿勢

除了各類圖解說明外，本書所有的範例與開發環境等等，都會在 GitLab 提供下載，讓讀者省去逐字輸入程式的困擾，最後配合影片展示效果，更容易理解實際程式的結果。

❑ 專案連結：

▲ https://gitlab.com/drmaster/mcu-windows/-/tree/develop

❑ 影片連結：

▲ https://www.youtube.com/playlist?list=PL9vN4REZ9girX9FlPctw_bZmfBH3ry7YK

我是誰？我在哪？我怎麼拿著這本書？

如果您剛好符合以下任一種角色，可以參考看看這本書能帶給你的資訊：

- 網頁工程師：現代 Web 技術發展已經讓網頁脫離只能展示資料的範疇，作為獨立應用程式嶄露頭角，一起來了解更多的應用吧！
- 嵌入式系統工程師：在書中您可以找到將電子電路訊號回傳至電腦中網頁的方法，讓嵌入式系統有更多的資料整合方式，為嵌入式系統整合開發提供一項利器。
- IoT 或系統整合工程師：透過書中跨領域系統開發，了解不同層面的技術如何進行整合，讓您在更寬廣的道路上前行。
- 創客：本書會融會貫通各種技術，透過遊戲形式呈現，一起來打造屬於自己的創意作品吧！
- 對不起了錢錢，我就是需要這個酷東西：感謝您的支持，請接受小弟一拜！萬事起頭難

目錄

01 萬事起頭難

02 Hello Firmata

03 建立前端地基

04 Web Serial API 初體驗

05 打開第一扇窗

06 數位 ×IN×OUT

08 來互相傷害啊！

CHAPTER 01

萬事起頭難

「萬事起頭難，不開始就不難。」等等，這句話好像不是這樣說。

先別急著闔上書，任何目標最難的部分總是第一步，只要邁出第一步後，後續就簡單多了。

由於本書主題橫跨了不同領域的範疇，所以不能免俗，第一章就讓我們來認識認識不同領域的新朋友吧。

為了讓大家能夠理解較為抽象的概念，本書特別請到吉祥物兼小助教「麻糬」登場！

▲ 圖 1-1　不是麻糬的助教登場

接下來嘛 ... 電子助教會穿插在各種圖解中，協助大家理解較為抽象的概念，由於本書整合了 Web、微控制器與電子電路等等相關領域，首先依序介紹各類專有名詞，讓我們開始吧！

1.1 電壓與電流

「電」的某些性質與「水」類似，為了方便理解，有時會用水來類比電。

> **Tips：**
> 實際上「電」與「水」的行為有很多不同之處，對此有興趣的朋友們可以去讀讀「電學」與「流體力學」相關資料喔！

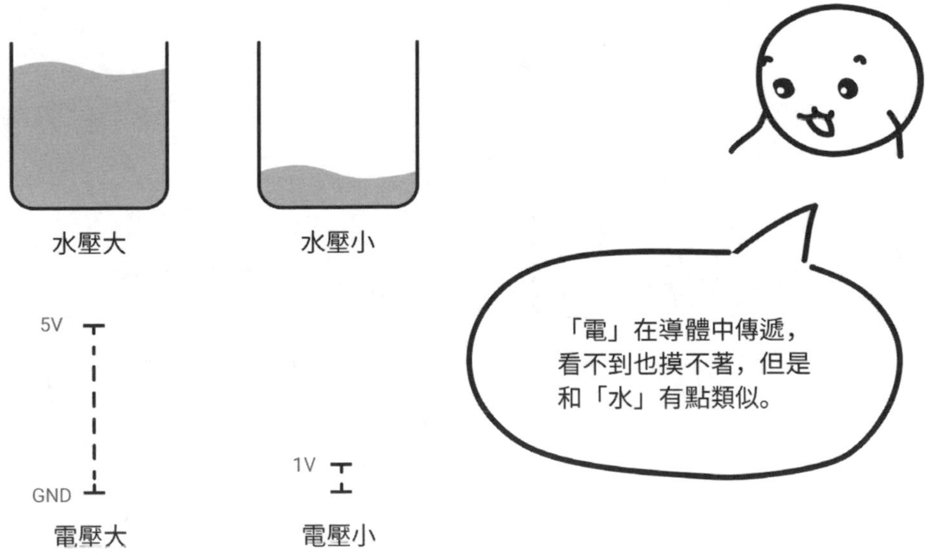

▲ 圖 1-2　電壓

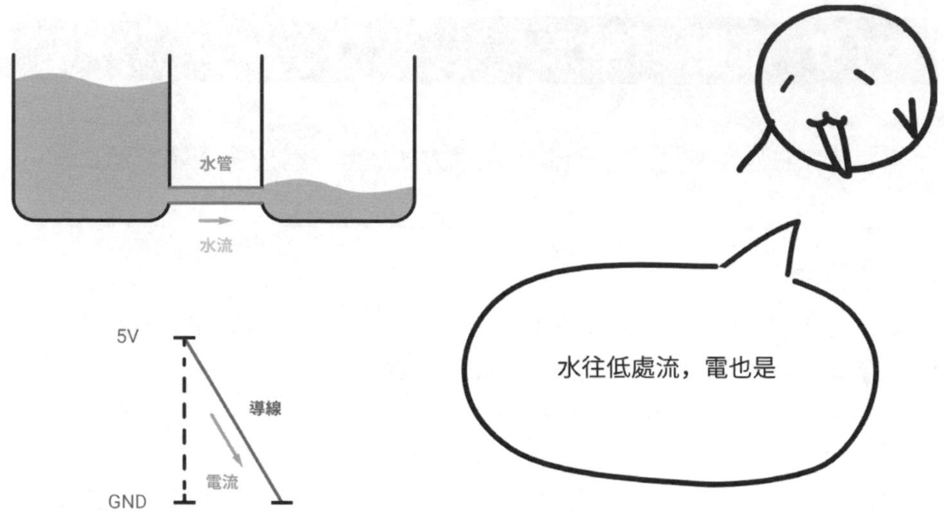

▲ 圖 1-3　電流

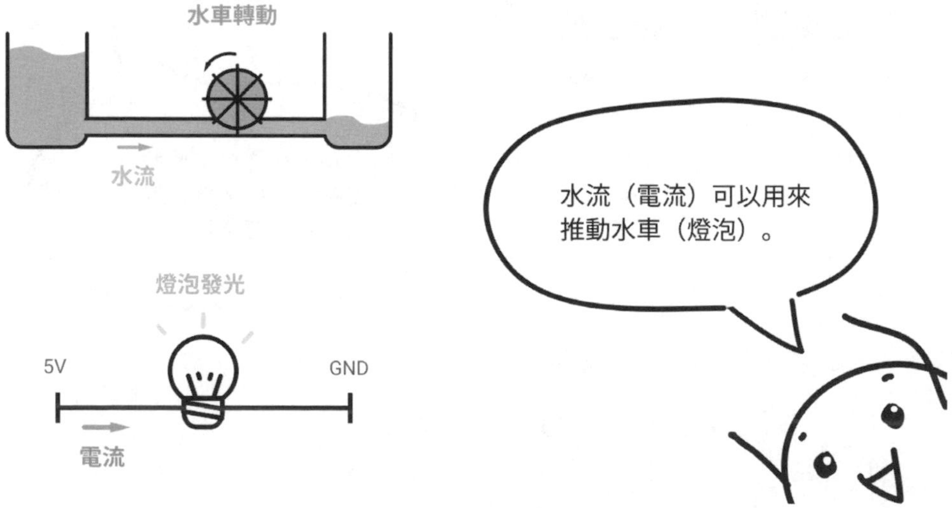

▲ 圖 1-4　電流推動電器

Warn：

為了方便簡單說明「電路概念」，以圖片簡化了許多電子元件，實務上千萬不要直接將電源（5V）與 GND 相連喔！

1.2 微控制器

又稱微控制器單元（microcontroller unit，MCU），一般而言就是將 CPU、RAM、ROM 和各類 I/O 介面整合成一個積體電路，可以透過燒入自訂韌體達成讀取、計算、輸出等等功能。

其中最出名的開發平台非 Arduino 莫屬，Arduino Uno 電路板就算沒用過可能都有看過，如圖 1-5：

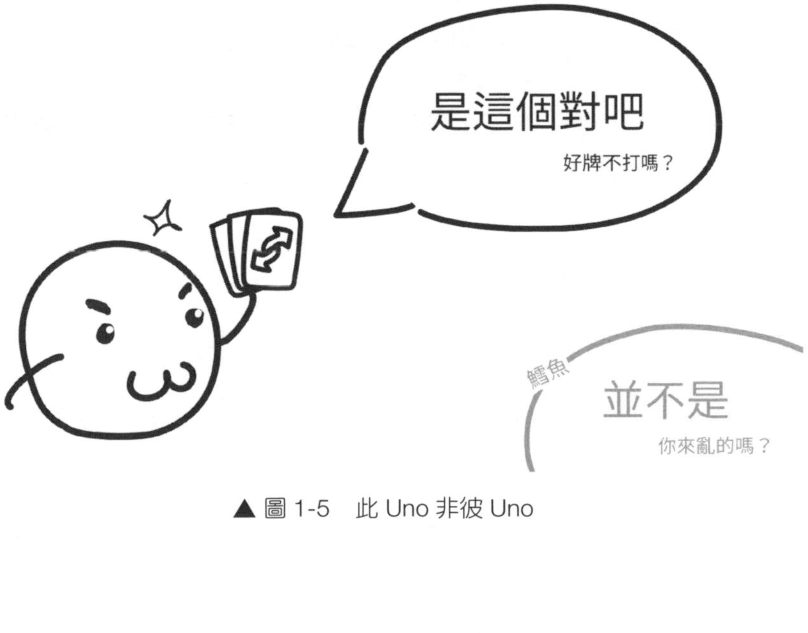

▲ 圖 1-5　此 Uno 非彼 Uno

是這一個才對：

▲ 圖 1-6　Arduino Uno

Arduino Uno 可透過燒入韌體，以程式控制輸出電壓高低或是進行通訊，後面的章節我們就會透過 Uno 控制 LED 等等電子元件，完成互動專題。

1.3 Firmata

剛才提到 MCU 可以燒入自製韌體，也就是說一開始 MCU 裡面就和星期一上班的腦袋一樣都是空空的，需要燒入韌體才能進行通訊或控制。

Tips：

實際上不會完全空，可能會有 bootloader 等等，不過並非此次主題，就不展開討論。

而 Firmata 是一個完整的控制協定，描述了如何利用通訊進行 I/O 控制，只要依照 Firmata Protocol 的內容發送命令，就可以控制 MCU 上對應的功能，正如官方文檔所說的：

> *Firmata is a protocol for communicating with microcontrollers from software on a computer (or smartphone/tablet, etc). The protocol can be implemented in firmware on any microcontroller architecture as well as software on any computer software package (see list of client libraries below).*

換個比喻，Firmata 就像一個已經設計完成的菜單，只要依照菜單規定的內容（協定），就可以簡單的取得對應的餐點（資料），不用自己從頭設計原料、烹調、擺盤等等細節（擴展性、強健性）。

• 1.4 串列通訊（Serial communication）

串列通訊是 MCU 之間常用的一種資料交換方式，從名字可以聽出就是一種將資料串起來，一個一個傳輸的方式。

所以電路系統之間具體究竟如何傳輸資料呢？在數位系統中，串列通訊會用高低電位變化來傳輸資料，也就是 1 與 0 的方式傳輸並事先約定好傳輸間隔，就可以依序取得資料。

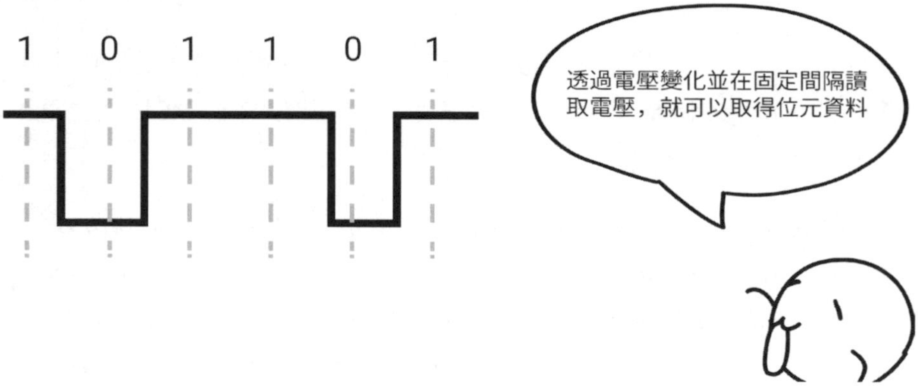

▲ 圖 1-7　串列通訊

Arduino Uno 上有內建多種通訊界面，其中最常用的是 UART。透過 USB 線將 Arduino Uno 接上電腦所使用的介面便是 Uno 的 UART。

1.5 Web Serial API

將 Arduino Uno 透過 USB 線接上電腦後，電腦的連接埠會跑出對應的 COM。

以往要呼叫 COM 進行通訊都會需要有對應權限的應用程式。如果網頁要取得 COM 資料，通常都是開啟一個 Web Server 作為中介，而 Web Serial API 則可以讓 JavaScript 透過瀏覽器，直接存取 COM。

不過目前支援的瀏覽器不多，圖 1-8 是目前的支援度列表（2022/06/18）：

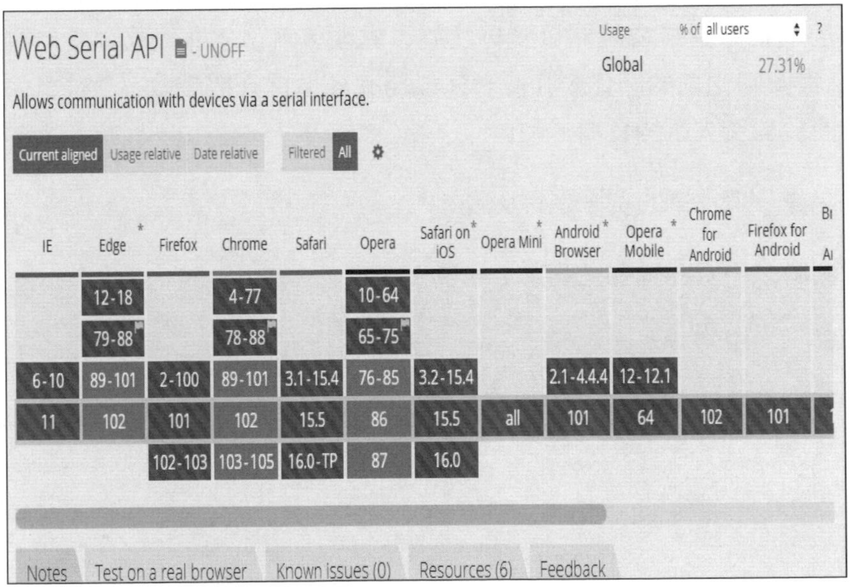

▲ 圖 1-8　Web Serial API 瀏覽器支援度

（圖片來源：https://caniuse.com/?search=Web%20Serial%20API）

可以看到 Edge、Chrome、Opera 瀏覽器支援此 API，也就是說本書內容需要使用以上瀏覽器開啟才行。

1.6 前端框架

以往說到開發網頁，大家第一個想到的一定是 jQuery，但是 jQuery 並不是前端框架，而是用於操作 DOM、建立動畫或事件的函式庫，所以甚麼是前端框架？前端框架的存在又是為了解決甚麼問題？

以往使用 jQuery 時，若要將資料呈現在網頁中，勢必會有建立、更新或刪除 DOM 的過程，常常光是「呈現資料」就需要先撰寫大量程式，這還不包括其他更複雜的互動，放在目前日漸複雜、越來越像應用程式的網頁，這類問題更加明顯，前端框架的出現就是為了解決這類問題。

各類前端框架通常會讓開發者專注於「處理資料」本身，框架會自動處理 DOM 與資料之前的關係，如此一來能夠有效地提升開發效率並降低系統複雜度對於開發人員的負擔。

以下想像一個簡單的例子進行比較。

若我們有以下資料想要在網頁上呈現：

```
const foods = [
  {
    name: 'cod',
    type: 'fish'
  }
];
```

若是用一般 JaveScript 或 jQuery 的寫法，免不了一定會有取得、建立、插入元素等等步驟，這還不包含判斷、綁定事件等等業務邏輯，若使用前端框架的話則會是（以 Vue 為例）：

```
<div v-for="food in foods" :key="food.name">
  <h1> {{ food.name }} </h1>
  <p> {{ food.type }} </p>
</div>
```

是的，您沒看錯，只要在 HTML 中描述資料如何呈現，Vue 會自動完成插入、更新等等工作。

> **Tips：**
>
> 不知道 v-for、:key 與 {{}} 符號是甚麼意思沒關係，後續章節再來娓娓道來。

目前最常見的前端框架分別為 Angular、Vue 和 React，本文使用 Vue 進行開發，後續的章節會有 Vue 的入門介紹，讓不熟悉的讀者也能快速上手。

以上我們已經依序認識本書會出現的主角們，接下來就讓我們正式開始吧！

如果讀者想看看最終成果如何，可以參考以下影片。

▲ 圖 1-9　成果影片（連結：https://youtu.be/OpayalfQ124）

CHAPTER 02

Hello Firmata

這個章節我們要準備基本硬體並嘗試透過 Firmata 取得資料。

2.1 集結硬體小夥伴

本書使用的電子零件基本上都可輕易地取得，可以在一般電子材料行或是網路賣場選購。

1. Arduino Uno

常見且容易取得的 Uno 與用來連接、燒入程式的 USB 傳輸線。

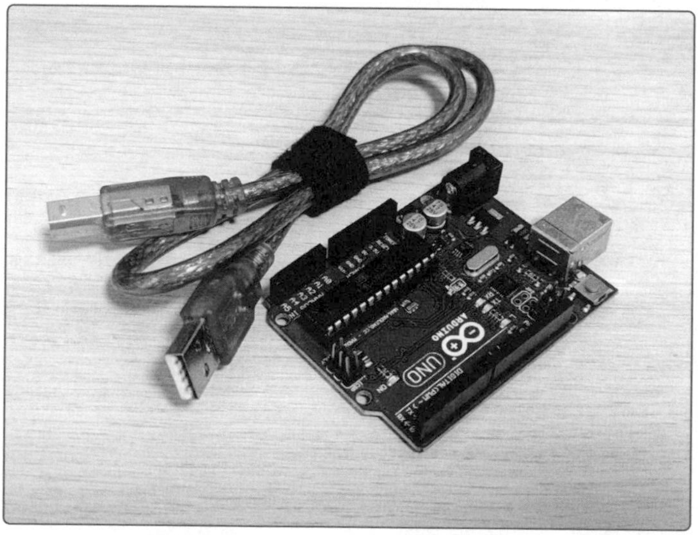

▲ 圖 2-1　Arduino Uno 與傳輸線

2. 麵包板

用來固定電子零件用的實驗板，可以在不焊接零件的情況下連接電子零件，常用來做實驗與原型測試。

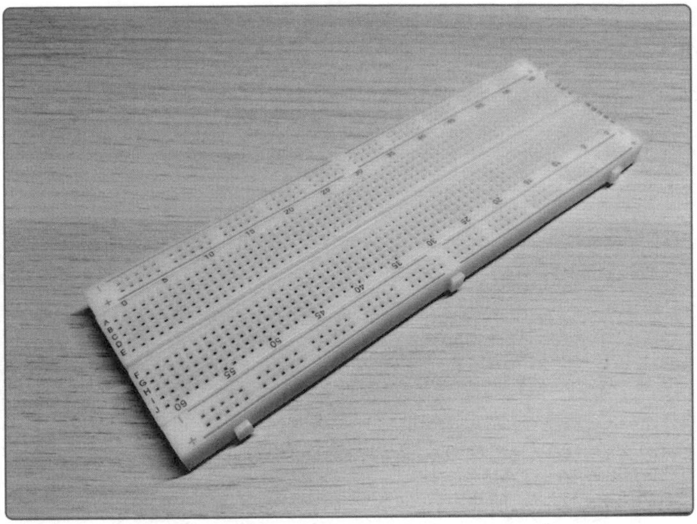

▲ 圖 2-2　麵包板

麵包板的基本結構如圖 2-3，相連的插孔用實線連接標示。可以看到 A 至 E、F 至 J 的插孔橫向連通在一起，如此一來我們便可以將不同的電子簡單的連接成電路。

最左右兩側的「+-」符號則是垂直連接，通常用於連接電源與 GND。

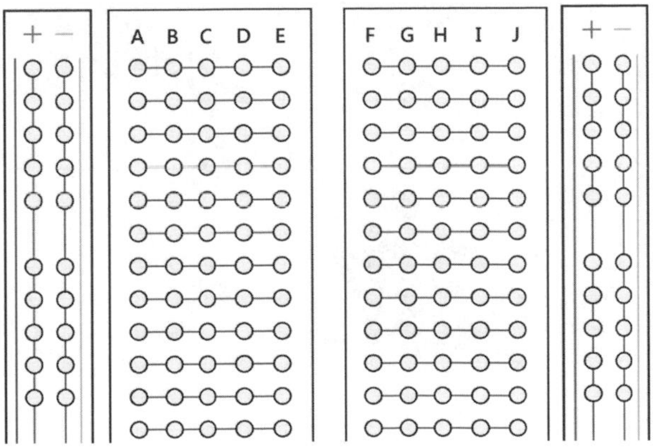

▲ 圖 2-3　麵包板

> **Tips：**
> 「+-」符號、有紅藍線標示的插孔通常為「垂直連接在一起（如圖標線）」，但是有些麵包板可能為「5 個洞一組」，實際使用時要注意這點。

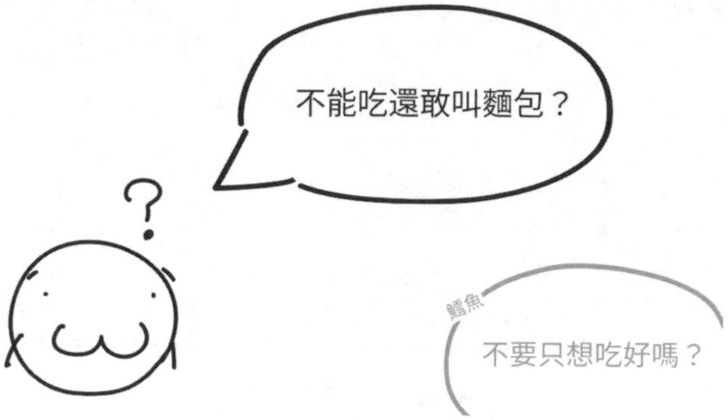

▲ 圖 2-4　不能吃的麵包

3. 杜邦線

非常適合用於麵包板，可以快速且簡單的插入插孔中，用來連結迴路，讓電子元件運作。

▲ 圖 2-5　杜邦線

如圖 2-6，將杜邦線插入麵包板插孔，即可完成連接。

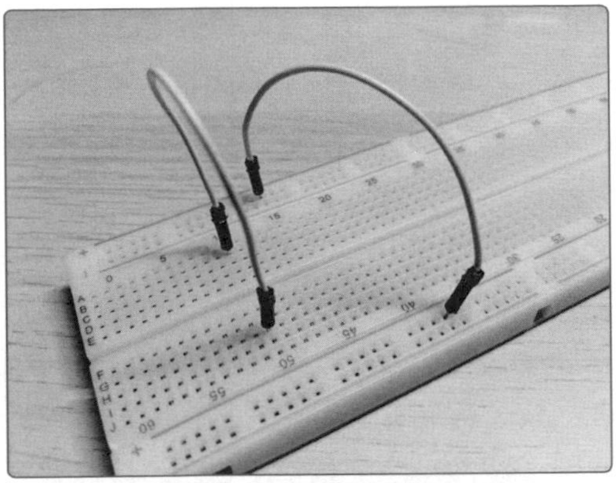

▲ 圖 2-6　杜邦線配合麵包板

4. 三用電表

或叫做「萬用表」，用於多種電子量測，通常基本功能可以量測電流、電壓、電阻。這裡我們主要用來 debug 使用，例如 LED 是否正常、電線是否真的有通等等。外觀非常多種，但是通常與圖 2-7 類似。

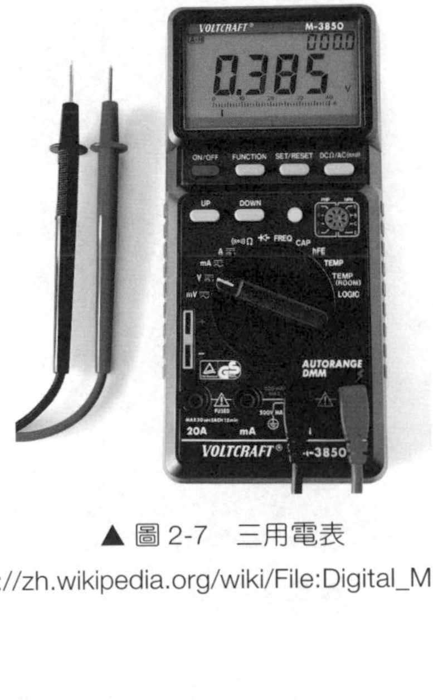

▲ 圖 2-7　三用電表

（圖片來源：https://zh.wikipedia.org/wiki/File:Digital_Multimeter_Aka.jpg）

Tips：

若只為了用於本書內的專題，基本上買最便宜（200 至 400 元左右）的三用電表即可，或者是問問店員只要有「電壓檔、電阻檔、通導測試的數位電表」就可以了。

Tips：

可能會有讀者問「一定要買三用電表嗎？」，這是一個值得思考的好問題，如同程式開發一般，若沒有一個有效、好用的 debug 工具，常常會使開發過程陷入「通靈」狀態，怎麼樣都不成功，最後才發現其實是很簡單的小錯誤，所以會強烈建議大家購買或是找朋友借一台來使用。

以上我們就備齊了最基本的硬體設備，可以開始燒入韌體了，如果有餘力的話可以將麵包板與 Arduino Uno 固定在同一塊板子上（如圖 2-8），方便實驗喔。

▲ 圖 2-8　固定硬體

2.2 燒入 Firmata 韌體

將 Arduino Uno 透過傳輸線與電腦 USB 連接後，如果順利的話作業系統會自動安裝「USB 轉 COM 晶片」之驅動程式。

> **Tips：**
>
> 這個部分因為已經存在大量的教學，所以不詳細說明與疑難排解。可以搜尋有關「Arduino Uno 驅動」等等關鍵字。

接下來要將 Firmata 韌體燒入 Arduino Uno 中，可以透過以下兩種工具：

1. Arduino Web Editor
   Arduino 官方推出的線上編輯器。
2. Arduino IDE
   應用程式版本的程式編輯器。

這次用經典的 Arduino IDE 進行燒入。在官方網站下載、安裝完成後開啟 IDE，沒有意外的話應該要出現下圖 2-9 這個畫面。

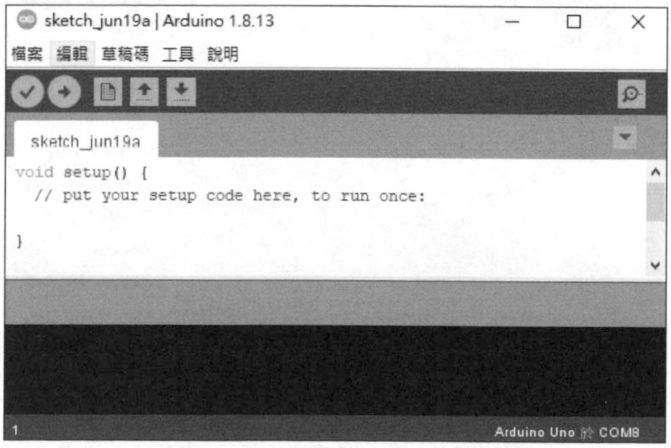

▲ 圖 2-9　開啟 Arduino IDE

> **Tips：**
>
> 官方網站連結為「https://www.arduino.cc/en/software」或搜尋「Arduino IDE Download」亦可。

接著我們要從範例程式中找出 Firmata 韌體，找出「檔案」→「範例」→「Firmata」→「StandarFirmataPlus」選項。

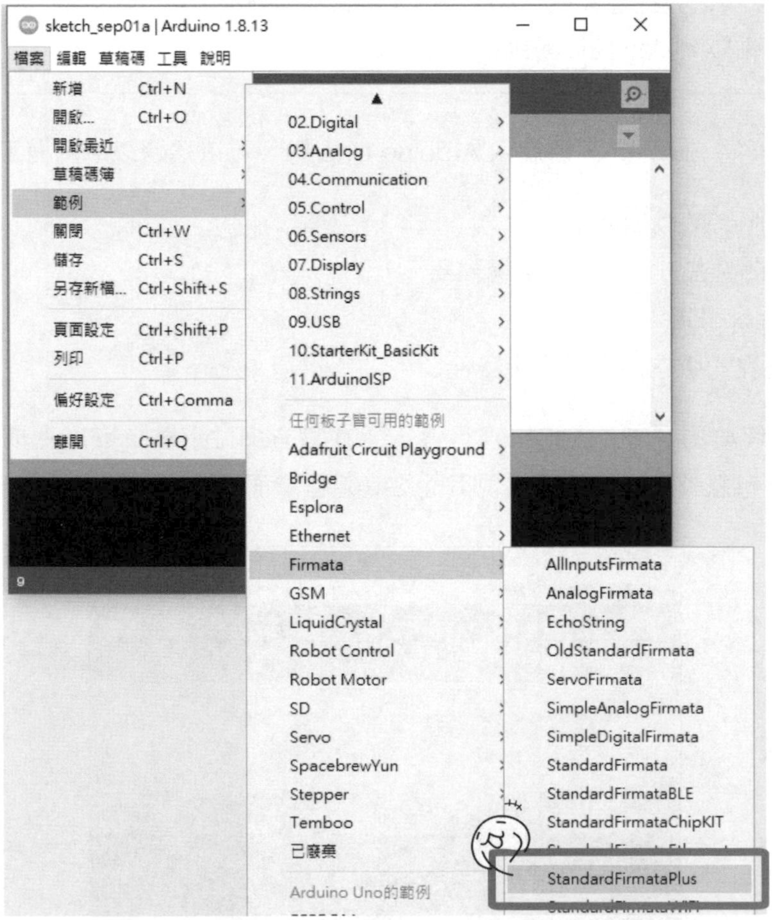

▲ 圖 2-10　找到 Firmata 韌體

用力點下去之後，應該會開啟新視窗並跑出一堆火星文。

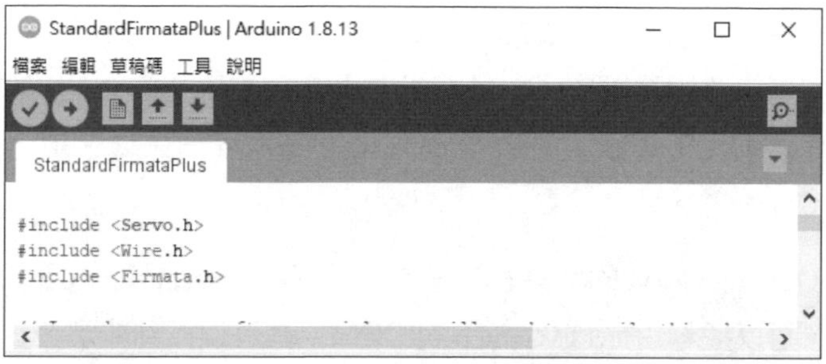

▲ 圖 2-11　打開 Firmata 韌體程式

這些就是 Arduino 官方提供的 Firmata 韌體，我們只要將這個韌體燒入 Uno 中，並遵守 Firmata 協定的內容，便可以控制 Uno 所有的 I/O 功能。

接下來在「工具」設定以下項目：

- 「開發板」選 Arduino Uno
  要告訴 IDE 我們目前用的開發版是 Arduino Uno，讓 IDE 依據 Uno 相關的設定參數編譯並傳輸韌體。
- 「序列埠」選擇「正確」的 COM
  這樣電腦才能透過 USB 傳輸線，將資料傳輸至 Arduino 之中。

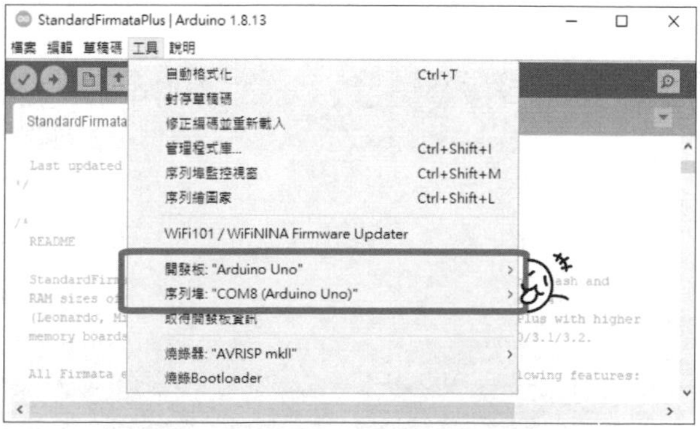

▲ 圖 2-12　完成上傳設定

Tips：

在我的電腦中，Arduino 對應的 COM 是「COM8」，您的電腦不一定會是 COM8，需要依照選擇實際 COM，如果不知道到底是哪一個 COM，可以將 USB 傳輸線反覆拔插，並觀察哪一個 COM 會消失或新增，就可以找出對應的 COM 了。

如果拔掉 USB 線 COM 的數量都沒變的話，可能是驅動程式沒有安裝成功等等問題，可以搜尋「arduino 抓不到 COM」就可以找到非常多參考資料。

以上都設定完成後，就可以按下「上傳」按鈕，開始燒入！

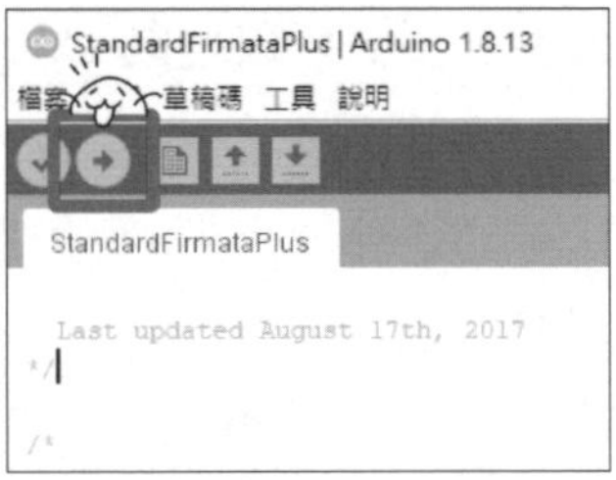

▲ 圖 2-13　開始燒入

燒入完成後，IDE 下方會顯示「上傳完畢」。

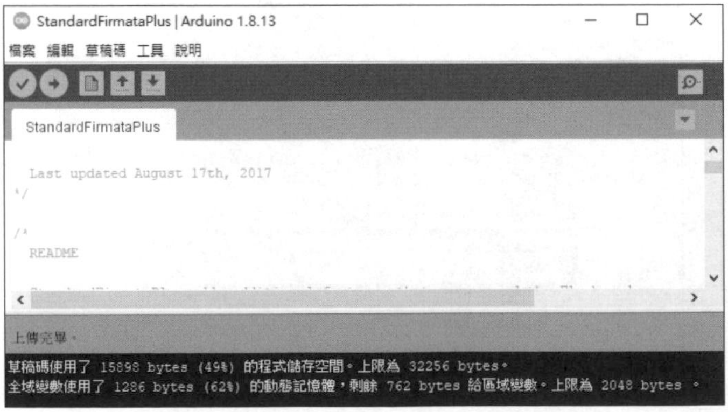

▲ 圖 2-14　上傳完成

這時候問題來了，所以我們要怎麼知道韌體真的有燒進去？真的有作用嗎？

剛剛提到 Arduino Uno 可以透過 USB 傳輸線將資料傳送至電腦中，也就是說我們只要有辦法查看 Arduino Uno 有沒有發送有關 Firmata 的資料去電腦中，即可知道韌體是否有燒入成功了。

讓我們打開「串列埠監控視窗」。

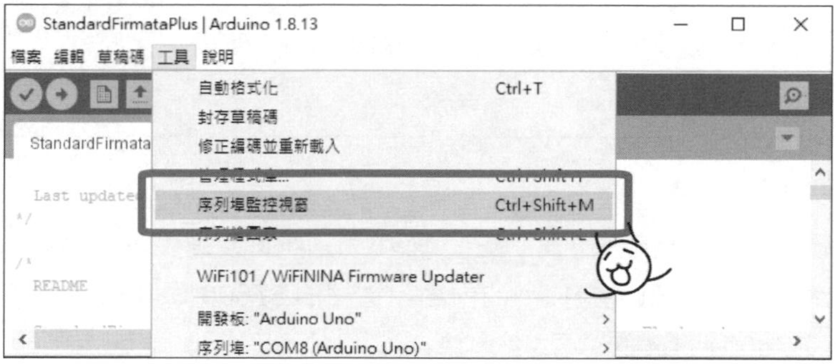

▲ 圖 2-15　開啟序列埠監控視窗

> **Tips：**
>
> 「串列埠監控視窗」顧名思義就是「監控串列通訊資料的視窗」。

打開視窗後，發現跑出一串亂碼，先別緊張，將右下角從右往左邊數來第二個選項，改為「57600 baud」。

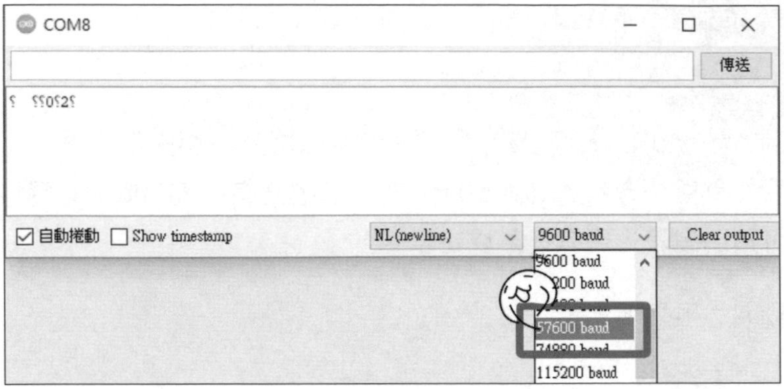

▲ 圖 2-16　修改 baud

Tips：

「baud」又稱為「鮑率」或「鮑」，指串列通訊每秒鐘要傳輸幾個 bit，正如在「1.4 串列通訊」中提到的內容，這裡的 57600 baud 就是指每秒鐘可傳輸 57600 個 bit 的意思。

至於為甚麼要設定為 57600 ？這就是 Firmata 協定規定好的通訊速率，意思是如果今天用的是別的協定，可能就會設為 57600 以外的數值喔。

修改完成後，大約 1 秒以內就會跑出以下文字。

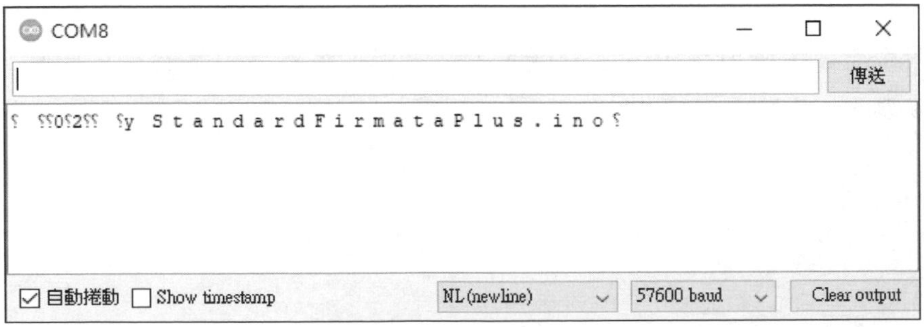

▲ 圖 2-17　Firmata 神秘文字

仔細看就會發現內容包含了我們燒入韌體的名稱「StandardFirmataPlus」，這樣就表示 Firmata 燒入成功了！接下來讓我們進入 Firmata 協定的部分吧！

Tips：

讀者們一定會發現「StandardFirmataPlus.ino」每個字母間都有一個空格而且前後還有一些亂碼，這是為甚麼呢？讓我們到協定裡找答案吧！

2.3 一起看懂通訊協定

打開網址（https://github.com/firmata/protocol）就可以看到 Firmata 協定的 GitHub 頁面。

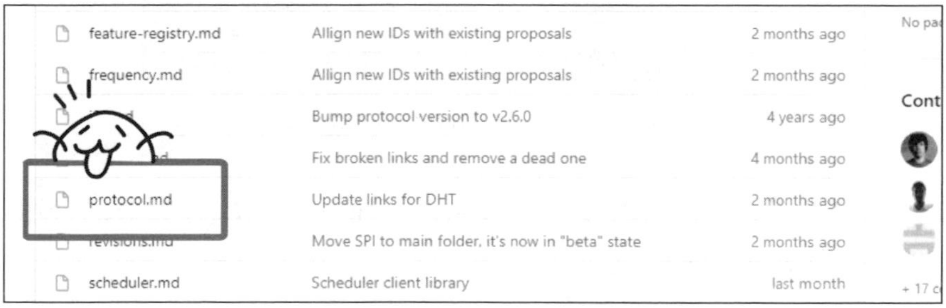

▲ 圖 2-18　Firmata GitHub

可以看到很多 .md 結尾的檔案，這裡我們只要看通訊協定的說明，所以讓我們點擊 protocol.md 的檔案。

Tips：

其他檔案是其他各類功能的說明檔案，例如：serial-1.0.md 是串列通訊功能，servos.md 是伺服馬達功能等等，未來有機會再和大家一起研究。

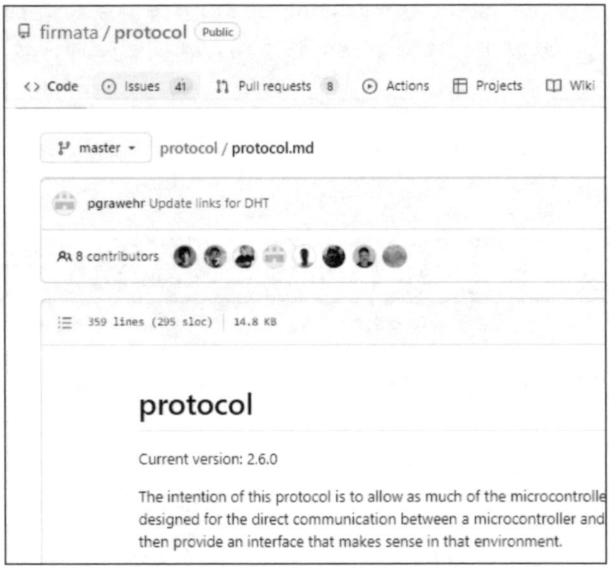

▲ 圖 2-19　Firmata protocol.md

打開之後可以看到一堆火星文，這就是 Firmata 的協定說明，包含 MIDI 格式、命令與響應資料等等內容。

我們不要從頭開始啃，以免大家嚇跑，直接拿本書壓泡麵 ...(ˊ ㄇ ˋ;)，讓我們循序漸進地一步一步來。

讓我們回頭看看燒入 Firmata 韌體後跑出來的那一串神秘文字。

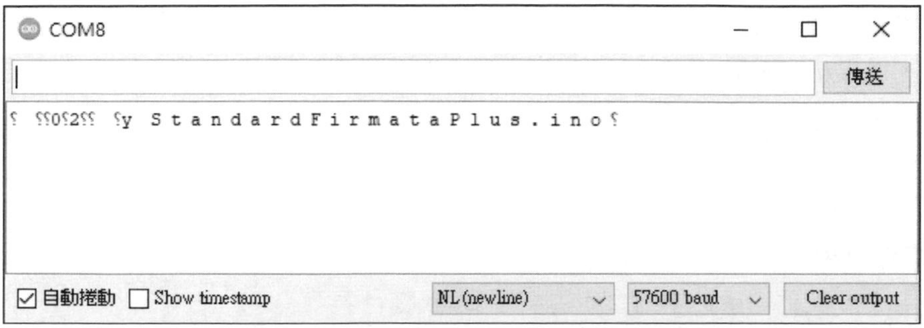

▲ 圖 2-20　Firmata 神秘文字

這時候讀者可能會問：「看起來就是一段亂碼加英文字阿，難道不是壞掉嗎？」，實際上還真的不是壞掉，讓我們從串列通訊如何傳輸字元開始講起。

串列通訊傳輸資料時，都是一個 byte 一個 byte 進行傳輸，一個 byte 表示 0~255 的數值，意思是不管甚麼文字或符號，都會被轉換成 0~255 之間的數值。

數值與字元之間的對照關係就是「ASCII」，每個符號都有自己對應的數值，如下表（圖片只包含部分內容）：

可顯示字元 [編輯]

可顯示字元編號範圍是32-126（0x20-0x7E），共95個字元。

ASCII可顯示字元（共95個）

二進位	十進位	十六進位	圖形	二進位	十進位	十六進位	圖形	二進位	十進位	十六進位	圖形
0010 0000	32	20	(space)	0100 0000	64	40	@	0110 0000	96	60	`
0010 0001	33	21	!	0100 0001	65	41	A	0110 0001	97	61	a
0010 0010	34	22	"	0100 0010	66	42	B	0110 0010	98	62	b
0010 0011	35	23	#	0100 0011	67	43	C	0110 0011	99	63	c
0010 0100	36	24	$	0100 0100	68	44	D	0110 0100	100	64	d

▲ 圖 2-21　ASCII 可顯示字元（圖片來源：https://zh.wikipedia.org/wiki/ASCII）

意思是「hi」這段文字透過串列通訊傳輸時會是「104 105」，而 Arduino IDE 的串列埠監控視窗會自動將數值轉換成字元，所以 Firmata 的內容看起來會是一堆亂碼，是因為 Firmata 並不是傳輸「可顯示字元」。

Tips：

中文或其他語系文字則會使用多個 byte 進行表示。

這裡希望可以直接觀察原始數值內容，才能夠比對 Firmata 的說明，所以這裡要請出另一個工具 —「AccessPort」。

Tips：

不下載 AccessPort 也沒關係，因為只用這一次 (´∀`)，但如果真想試試看，可以在此網址下載：http://www.sudt.com/en/ap/download.htm

打開程式，會跑出圖 2-22 畫面並確認框框選項為「Terminal」。

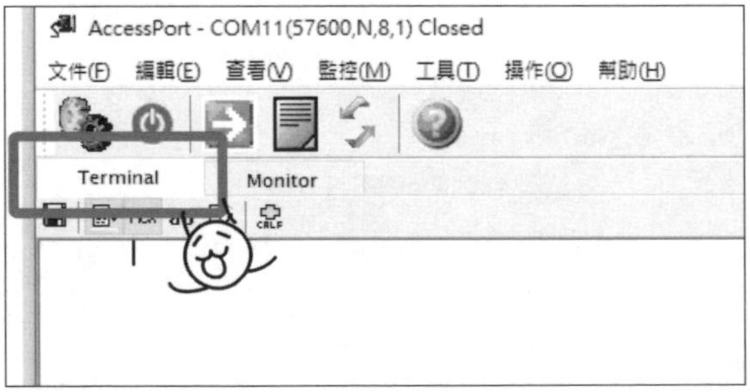

▲ 圖 2-22　AccessPort 介面

接著按下圖 2-23 左框中的「齒輪」按鈕，打開設定，並檢查右框內的設定是否相符。

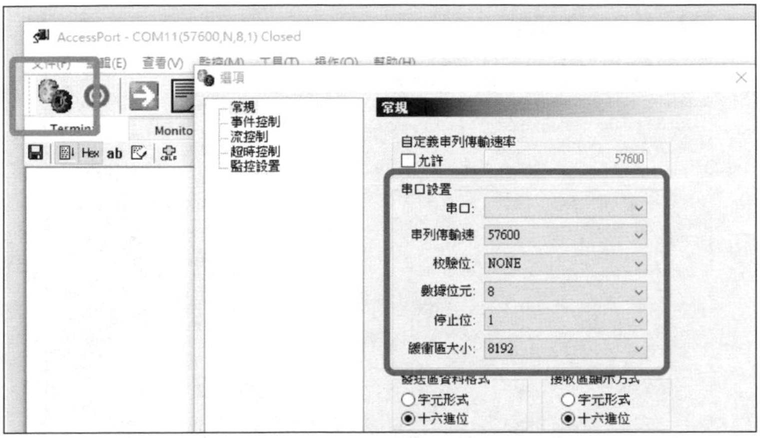

▲ 圖 2-23　AccessPort 設定

設定完成後按下確定，AccessPort 會自動開啟 Port，這個時候應該會跑出一串數值，如圖 2-24。(如果一樣是一串亂碼，請確認框框內的 Hex 選項被啟用。)

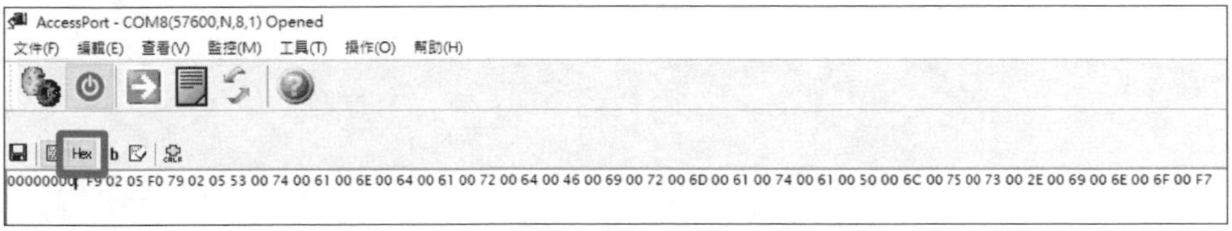

▲ 圖 2-24　純數值資料

讓我們好好分析這一串數值到底代表甚麼吧！

```
F9 02 05 F0 79 02 05 53 00 74 00 61 00 6E 00 64 00 61 00 72 00 64
00 46 00 69 00 72 00 6D 00 61 00 74 00 61 00 50 00 6C 00 75 00 73
00 2E 00 69 00 6E 00 6F 00 F7
```

在 protocol.md 中使用「Ctrl+F」網頁搜尋第一個數值「F9」，就會在「Message Types」章節找到他。

Message Types

This protocol uses the MIDI message format, but does not use the whole protocol. Most of the com
usable in terms of MIDI controllers and synths. It should co-exist with MIDI without trouble and can
Just some of the message data is used differently.

type	command	MIDI channel	first byte	second byte
analog I/O message	0xE0	pin #	LSB(bits 0-6)	MSB(bits 7-13)
digital I/O message	0x90	port	LSB(bits 0-6)	MSB(bits 7-13)
report analog pin	0xC0	pin #	disable/enable(0/1)	- n/a -
report digital port	0xD0	port	disable/enable(0/1)	- n/a -
start sysex	0xF0			
set pin mode(I/O)	0xF4		pin # (0-127)	pin mode
set digital pin value	0xF5		pin # (0-127)	pin value(0/1)
sysex end	0xF7			
protocol version	0xF9		major version	minor version
system reset	0xFF			

▲ 圖 2-25　Message Types 找到 F9

可以發現「F9」後面會接著「first byte」、「second byte」，也就是說前 3 個數值：

```
F9 02 05
```

分別代表：

- F9：告知回應的數值是 protocol version
- 02：表示 major version
- 05：表示 minor version

所以可以得知此韌體協定版本為 2.5 版。

整理一下數值，得：

```
F9 02 05 // 協定版本
F0 79 02 05 53 00 74 00 61 00 6E 00 64 00 61 00 72 00 64 00 46 00
69 00 72 00 6D 00 61 00 74 00 61 00 50 00 6C 00 75 00 73 00 2E 00
69 00 6E 00 6F 00 F7
```

搜尋接下來的第一個數值「F0」，一樣會在「Message Types」找到「F0」。

Message Types

This protocol uses the MIDI message format, but does not use the whole protocol. Most of the comm
usable in terms of MIDI controllers and synths. It should co-exist with MIDI without trouble and can b
Just some of the message data is used differently.

type	command	MIDI channel	first byte	second byte
analog I/O message	0xE0	pin #	LSB(bits 0-6)	MSB(bits 7-13)
digital I/O message	0x90	port	LSB(bits 0-6)	MSB(bits 7-13)
report analog pin	0xC0	pin #	disable/enable(0/1)	- n/a -
report digital port	0xD0	port	disable/enable(0/1)	- n/a -
start sysex	0xF0			
set pin mode(I/O)	0xF4		pin # (0-127)	pin mode

▲ 圖 2-26　Message Types 找到 F0

會發現「F0」是 sysex 的起始值，所以甚麼是「sysex」呢？讓我們移駕到「Sysex Message Format」的部分。

Sysex Message Format

System exclusive (sysex) messages are used to define sets of core and optional firmata features. Core fea
as digital and analog I/O, querying information about the state and capabilities of the microcontroller bo
board. All core features are documented in this protocol.md file. Optional features extend the hardware
and analog I/O and also provide APIs to interface with general and specific components and system serv
documented in separate markdown files.

Each firmata sysex message has a feature ID composed of either a single byte or an extended ID compos
always 0 to indicate it's an extended ID. The following table illustrates the structure. The most significant
between the `START_SYSEX` and `END_SYSEX` which frame the message.

byte 0	byte 1	bytes 2 - N-1	byte N
START_SYSEX	ID (01H-7DH)	PAYLOAD	END_SYSEX
START_SYSEX	ID (00H)	EXTENDED_ID (00H 00H - 7FH 7FH) + PAYLOAD	END_SYSEX

Following are SysEx commands used for core features defined in this version of the protocol:

```
EXTENDED_ID                0x00 // A value of 0x00 indicates the next 2 bytes define the extend
RESERVED              0x01-0x0F // IDs 0x01 - 0x0F are reserved for user defined commands
ANALOG_MAPPING_QUERY       0x69 // ask for mapping of analog to pin numbers
```

▲ 圖 2-27　Sysex Message Format

看不懂火星文沒關係，簡單來說 sysex 表示一種用來描述並定義核心功能與各種 I/O 的訊息格式，所以我們可以在 SysEx commands 中找到第二個數值「79」的蹤影：

```
PIN_STATE_QUERY          0x6D // ask for a pin's current mode and state (different than value)
PIN_STATE_RESPONSE       0x6E // reply with a pin's current mode and state (different than value)
EXTENDED_ANALOG          0x6F // analog write (PWM, Servo, etc) to any pin
STRING_DATA              0x71 // a string message with 14-bits per char
REPORT_FIRMWARE          0x79 // report name and version of the firmware
SAMPLING_INTERVAL        0x7A // the interval at which analog input is sampled (default = 19ms)
SYSEX_NON_REALTIME       0x7E // MIDI Reserved for non-realtime messages
SYSEX_REALTIME           0X7F // MIDI Reserved for realtime messages
```

▲ 圖 2-28　0x79 之 sysex 訊息

可以得知訊息應該與「韌體的名稱與版本」有關，接下來在「Query Firmware Name and Version」中找到詳細的回應內容說明：

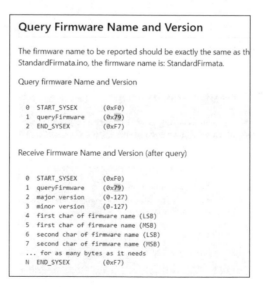

Query Firmware Name and Version

The firmware name to be reported should be exactly the same as th
StandardFirmata.ino, the firmware name is: StandardFirmata.

Query firmware Name and Version

```
0  START_SYSEX       (0xF0)
1  queryFirmware     (0x79)
2  END_SYSEX         (0xF7)
```

Receive Firmware Name and Version (after query)

```
0  START_SYSEX       (0xF0)
1  queryFirmware     (0x79)
2  major version     (0-127)
3  minor version     (0-127)
4  first char of firmware name (LSB)
5  first char of firmware name (MSB)
6  second char of firmware name (LSB)
7  second char of firmware name (MSB)
... for as many bytes as it needs
N  END_SYSEX         (0xF7)
```

▲ 圖 2-29　查詢韌體的名稱與版本

看樣子答案要呼之欲出了！但是甚麼是 LSB、MSB 啊？先解釋一下這是甚麼，他們分別為：

- MSB：最高有效位元組（Most Significant Byte）
- LSB：最低有效位元組（Least Significant Byte）

要解釋這兩個名詞，需要先探討一個問題：「如何發送大於 255 的數字？」

▲ 圖 2-30　如何發送大於 255 的數字

就像是運送組合式家具一樣，先將家具拆分運送，到達目的地後重新組裝即可。同理，將超過 1 bye 的數值拆分成多個 byte 傳輸，接收時再將數值組裝即可，具體過程如下：

假設有一個數值為：

```
2730
```

以 2 進位表示，為：

```
101010101010
```

接著讓數值每 8 個一組（因為 255 用二進位表示就是 8 個 1，也可以 7 個或更少一組，依照需求設計而定）。

```
00001010 10101010
```

拆分之後得到兩個新數值為：

- 前半段的 00001010 為 MSB，轉換為 10 進位得 10
- 後半段的 10101010 為 LSB，轉換為 10 進位得 170

所以如果要傳輸 2730 這個數值，實際上我們是傳輸 10、170，接收端會自己將數值組合，得到 2730。

了解甚麼是 LSB、MSB 之後，讓我們回頭看看文檔說明：

```
0 START_SYSEX (0xF0)
1 queryFirmware (0x79)
2 major version (0-127)
3 minor version (0-127)
4 first char of firmware name (LSB)
5 first char of firmware name (MSB)
6 second char of firmware name (LSB)
7 second char of firmware name (MSB)
```

```
... for as many bytes as it needs
N END_SYSEX (0xF7)
```

從說明我們可以得知：

- F0 為 sysex 起始值
- 79 為查詢韌體命令
- 接續第 3、4 Byte 都是版本號（剛好對應剛剛「F0」的內容）
- 剩下的內容每 2 Byte 為一組（LSB、MSB），用來表示 firmware name
- F7 是數值結尾，表示此部分資料到此結束

我們將剛才的數值分類、整理一下，得：

```
F9 02 05 // 協定版本

F0 // 起始值
79 // 命令類型：查詢韌體
02 // major version
05 // minor version

53 00 // firmware name
74 00
61 00
6E 00
64 00
61 00
72 00
64 00
46 00
69 00
72 00
6D 00
61 00
```

```
74 00
61 00
50 00
6C 00
75 00
73 00
2E 00
69 00
6E 00
6F 00

F7 // 結束值
```

firmware name 的部分，因為 MSB 都是 00，所以數值組合後也等於 LSB，接著比對 ASCII 表（注意數值為 16 進位），就可以得出數值表示的字元，得：

```
53 00 // 53 = S
74 00 // 74 = t
61 00 // 61 = a
6E 00 // 6E = n
64 00 // 64 = d
61 00 // 61 = a
72 00 // 72 = r
64 00 // 64 = d
46 00 // 46 = F
69 00 // 69 = i
72 00 // 72 = r
6D 00 // 6D = m
61 00 // 61 = a
74 00 // 74 = t
61 00 // 61 = a
50 00 // 50 = P
```

```
6C 00 // 6C = l
75 00 // 75 = u
73 00 // 73 = s
2E 00 // 2E = .
69 00 // 69 = i
6E 00 // 6E = n
6F 00 // 6F = e
```

firmware name 的部分合併之後就會得到「StandardFirmataPlus.ino」。最後總結一下，我們知道原本的那一大串數值其實有兩個部分：

```
// 第一部分
F9 02 05

// 第二部分
F0 79 02 05 53 00 74 00 61 00 6E 00 64 00 61 00 72 00 64 00 46 00
69 00 72 00 6D 00 61 00 74 00 61 00 50 00 6C 00 75 00 73 00 2E 00
69 00 6E 00 6F 00 F7
```

第一部分：

- 版本號：2.5

第二部分：

- 版本號：2.5
- 韌體名稱：StandardFirmataPlus.ino

以上我們成功邁出看懂 Firmata 的第一步了！

CHAPTER

03

建立前端地基

我們已經初步了解 Firmata 基本概念，其他內容將在接下來的章節中，需要使用時再依序介紹，不然一次讀完大家應該都會嚇跑 …(っ °Д °;)っ，讓我們開始前端開發吧！

首先我們會先從 TypeScript 開始到 Vue 3 入門，建立基礎概念後，逐步進入主題內容。

3.1 TypeScript 簡介

▲ 圖 3-1 TypeScript
（圖片來源：https://www.typescriptlang.org）

甚麼是 TypeScript ？可以看看官網的說法：

> *TypeScript is a strongly typed programming language that builds on JavaScript, giving you better tooling at any scale.*

簡單來說就是包含「強型別」的 JavaScript，這時候大家可能會問「為甚麼要加入型別？」。

TypeScript 的主要優點如下：

- 編譯階段就可以發現大部分錯誤，不會等到執行時才發現。
- 增加可讀性與可維護性，藉由型別系統提供型別，配合編輯器可以提供程式碼自動完成、介面提示等等非常方便的功能。

但是導入 TypeScript 相對就會增加學習成本與短期開發成本，所以若是屬於資料展示、美術設計為主的網頁，我個人就不會強烈建議一定要使用 TypeScript，但若是屬於應用程式類型的網頁，就非常適合導入 TypeScript，所以本書這類會有特殊資料的主題就很適合使用 TypeScript。

過程中本書會循序漸進的帶領大家慢慢入門，不用擔心一堆火星文，看了就想睡！

> **Tips：**
> 本書不會使用高深的 TypeScript 特性，請大家安心服用。

3.2 TypeScript 入門

3.2.1 基礎型別

前面提到 TypeScript 與 JavaScript 最大的差別在於「型別」，所以實際上寫 TypeScript 就如同一般強型別語言一般，需要宣告型別：

```
// JavaScript宣告變數
let isDone = false;
let price = 100;

// TypeScript宣告變數
let isDone: boolean = false;
let price: number = 100;
```

當變數宣告完成後，不能中途變更型別：

```
let isDone: boolean = false;
isDone = 10;
- 類型 'number' 不可指派給類型 'boolean'。ts(2322)
```

但若是指定為 any 型別的話，就可以設為任意型別：

```
let anyData: any = false;
anyData = 10;
```

Tips：

any 型別特性如普通 JavaScript 變數，常用於逐步遷移或者相容 JavaScript 程式。如此 TypeScript 可以擁有型別系統的好處，又能夠保有 JavaScript 的彈性，不管是舊專案還是小型專案，都可依據實際情形進行調整。

TypeScript 也可以根據初始值，自動推斷型別：

```
let stringData = '我是字串';
stringData = false;
- 類型 'boolean' 不可指派給類型 'string'。ts(2322)
```

3.2.2 介面

介面（Interfaces）是 TypeScript 中一個很重要的概念，主要用於描述物件的結構內容，如此便可以約束物件，以免亂增加屬性、成員不明確等等放飛自我的操作。

```
interface Fish {
  name: string;
```

```
  price: number;
  comment?: string;
}
const cod: Fish = {
  name: 'cod',
  price: 10
}
const octopus: Fish = {
  name: '章魚',
  price: 5,
  comment: '不是魚'
}
```

? 表示可選屬性，一旦介面定義完成後，就不能「遺漏必填屬性」或「增加未定義的屬性」。

```
// 類型 '{ name: string; }' 缺少屬性 'price'，但類型 'Fish' 必須有該屬性。ts(2741)
const wrongFish: Fish = {
  name: 'wrong'
}

// 類型 '{ name: string; haveFeet: boolean; }' 不可指派給類型 'Fish'。物件常值只可指定已知的屬性，且類型 'Fish' 中沒有 'haveFeet'。ts(2322)
const mutantFish: Fish = {
  name: 'mutant',
  haveFeet: true
}
```

「遺漏必填屬性」或「增加未定義的屬性」就會提示錯誤。

3.2.3 函數

TypeScript 函數與一般 JavaScript 函數最大的差別在於輸入和輸出需要增加述型別而已。

```
function getPrice(fish: Fish): number {
  return fish.price;
}

// 也可以不指定回傳資料型別，TypeScript 會自動判斷型別，不過為了避免意外情況，多指定回傳資料型別通常是好事。
function getPrice(fish: Fish){
  return fish.price;
}
```

與介面相同概念，函數定義完成後，缺少、多出引數或是輸入錯誤型別的引數，都會產生錯誤。

```
const cod: Fish = {
  name: 'cod',
  price: 10
}

function getPrice(fish: Fish) {
  return fish.price;
}

// 應有 1 個引數，但得到 2 個。ts(2554)
getPrice(cod, 100);

// 應有 1 個引數，但得到 0 個。ts(2554)
getPrice();
```

```
// 類型 'string' 的引數不可指派給類型 'Fish' 的參數。ts(2345)
getPrice('cod');
```

以上我們就完成 TypeScript 基礎入門了，讀者可能會想說：「甚麼！這樣就把 TypeScript 基礎學玩了嗎？」當然不是，TypeScript 其實還有許多內容，只是以上這些基礎已經足夠完成本書專案，若專案中有用到其他 TypeScript 功能，則會同時進行解說和補充，讀者可以放心。

3.3 介紹開發工具與套件

接下來讓我們準備建立開發環境，先來介紹一下專案中主要使用的工具、框架與套件。

3.3.1 Visual Studio Code

▲ 圖 3-2　Visual Studio Code
（圖片來源：https://code.visualstudio.com）

常被簡稱為「VS Code」，基本上前端開發一定聽過這個工具，因為其強大的智慧提示（IntelliSense）和豐富的外掛，根據 Stack Overflow2021 年開發者報告，目前 VS Code 的使用率佔了 71.06%，幾乎和鄉下路邊野狗一樣常見了。

Tips：

雖然都是微軟出品，但是 Visual Studio Code 和 Visual Studio 基本上沒有甚麼關係，一個是文字編輯器一個是 IDE，定位不同。

在官網（https://code.visualstudio.com）下載並安裝，打開程式應該會出現下面這個畫面。

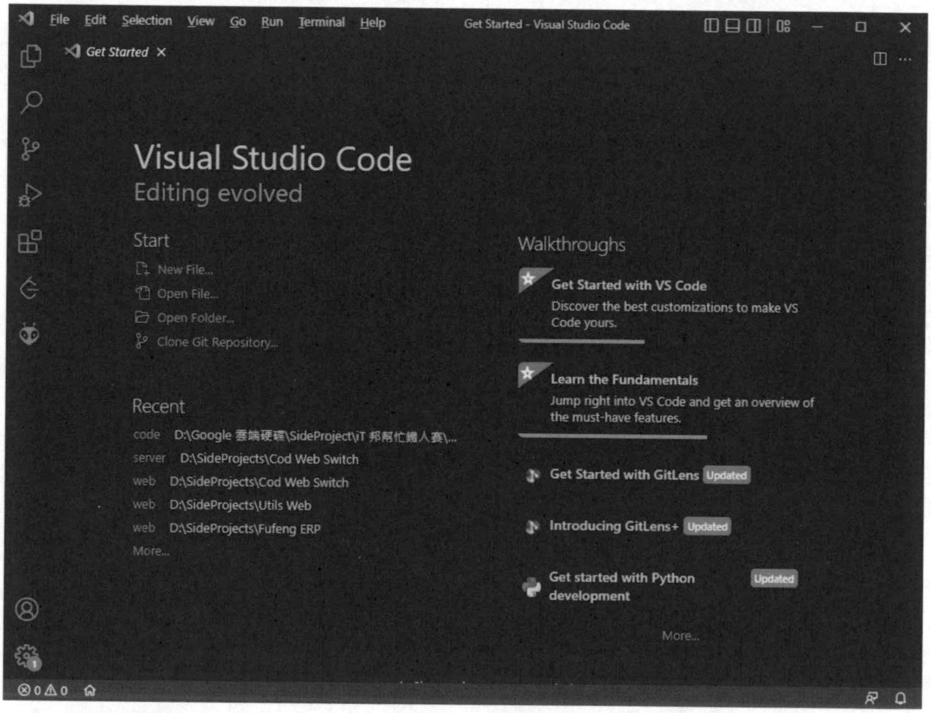

▲ 圖 3-3　VS Code 初始畫面

接下來讓我們安裝本書會用到的外掛，在左側的選單點選「4 個方塊」的圖示，即可開啟外掛商店，讓我們先安裝中文語系套件吧。

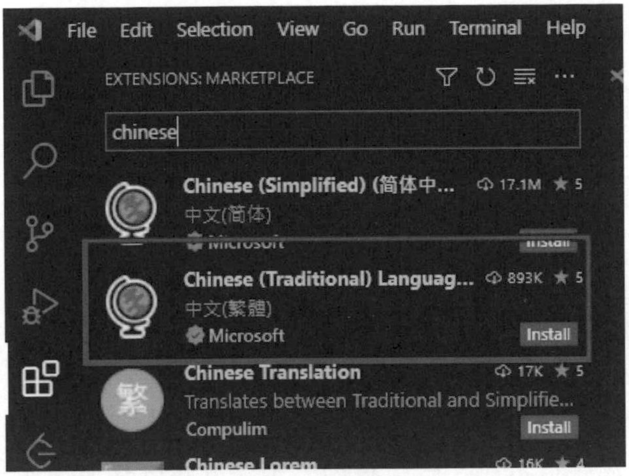

▲ 圖 3-4　安裝套件

按下框框中的 Install 即可開始安裝。

請大家安裝以下外掛。

1. Vue Language Features (Volar)
2. Tailwind CSS IntelliSense

安裝完成後，重啟 VS Code 應該就可以看到 VS Code 變成中文了！

Tips：

如果沒有變成中文，也可以依照以下步驟切換為中文：

1. 按下鍵盤 F1（或 Ctrl + Shift + P），開啟命令輸入框
2. 輸入 display language，選擇「Configure Display Language」
3. 選擇 zh-tw 後，VS Code 會提示需要重新開啟。
4. 重啟後畫面就會變成中文版本了。

3.3.2 Vue

▲ 圖 3-5　Vue（圖片來源：https://vuejs.org）

Web 前端框架，基於 HTML 之模板設計，對於熟悉 HTML、CSS、JavaScript 的開發者來說，相對容易上手（很適合我這種非專業資工入門 (´・ω・`)），元件化設計可以切割、獨立各類業務邏輯，提升重用性。Vue 3 之後引入 Composition API 讓封裝重用邏輯更上一層樓且大幅提升對於 TypeScript 支援度，更適合開發複雜的應用程式網頁，所以本書開發皆使用 Vue 3。

3.3.3 Pinia

▲ 圖 3-6　Pinia（圖片來源：https://pinia.vuejs.org）

Pinia 不只是鳳梨，而是 Vue 專用之狀態管理套件，包含完整的管理模式，可以確保元件數量增多時，不易使資料傳遞、管理發生困難。

Tips：

如果熟系 Vue 生態系的讀者可會有個疑問「Vue 的狀態管理套件不是 Vuex 嗎？」，在 Vue 2 的時候確實如此，但是目前 Vue 3 會建議使用 Pinia，除了基本 API 概念與 Vuex 相同外，使用上比 Vuex 更為簡潔且更加支援 TypeScript。

3.3.4 Quasar

▲ 圖 3-7　Quasar（圖片來源：https://quasar.dev）

基於 Vue 之 UI Framework，包含大量開發常用情境與功能並提供 CLI 命令，可以同時涵蓋 SPA、SSR、PWA、Mobile App、Electron、Browser Extensions 等等需求，實際上功能超出了 UI Framework 範疇。最重要的部分是官方文件內容齊全，強力推薦。（~~沒有 Quasar 我都不會做網頁了 ᕕ(° ∀ °)ᕗ~~）

3.3.5 Tailwind CSS

▲ 圖 3-8　Taildwind CSS（圖片來源：https://tailwindcss.com）

如同官網所述：

> *A utility-first CSS framework packed with classes like flex, pt-4, text-center and rotate-90 that can be composed to build any design, directly in your markup.*

Taildwind CSS 是實用優先型的 CSS 框架，可以透過加入 class 就馬上加上指定樣式，可以簡單快速的完成介面。

Tips：

Taildwind CSS 實務上其實有需多要注意的地方，如果放飛自我隨便使用，容易寫出一坨很難維護的程式，有興趣的讀者們可以參考以下連結：

- 用 Tailwind 來幫你實現真正的高效整潔
  https://5xruby.tw/posts/tailwind-css-plugin
- Reusing Styles
  (https://tailwindcss.com/docs/reusing-styles
- 客觀評價 Tailwind CSS
  https://medium.com/@nightspirit622/%E5%AE%A2%E8%A7%80%E8%A9%95%E5%83%B9-tailwindcss-af27581f6d9

也可以 Google 一下查詢更多資訊。

3.3.6 Lodash

Lodash 就像是一個工具包，內含大量實用工具，所以為甚麼會需要 Lodash 呢？因為實務上程式寫久了以後會發現許多邏輯都是重複作業，除了自己封裝起來以外，也可以使用如 Lodash 這類套件，省時間以外 (讓大

~~家提早下班 (￣∀￣))~~，也因為 Lodash 本身有大量的單元測試並被社區長期檢驗，所以可靠度很高。

Lodash 本身的 API 設計相當成熟，適合用來借鑒與學習。

> **Tips：**
> 除了 Lodash 以外，類似的 utility library 其實也有很多種，大家可以搜尋看看，多方比較和學習喔！

3.3.7 Day.js

DAY.JS

▲ 圖 3-9　Day.js（圖片來源：https://tailwindcss.com）

時間解析、驗證、操作和格式化用的 JavaScript 套件，可以很簡單的進行時間操作，其 API 與知名的時間處理套件「Moment.js」基本上相同，但是有更多優點，例如支援 i18n、外掛、Immutable 等等。

> **Tips：**
> 關於時間處理套件比較與 Moment.js 的愛恨情仇，可以參考以下連結：
>
> - You-Dont-Need-Momentjs
>   https://github.com/you-dont-need/You-Dont-Need-Momentjs

3.3.8 Vite

▲ 圖 3-10 Vite（圖片來源：https://vitejs.dev）

對前端開發有認識的讀者應該都聽過 Webpack 這個工具，主要用於網頁開發、打包等等用途，然而 Webpack 在專案較為龐大時，會出現開發 Server 更新緩慢問題，導致開發體驗較差，Vite 則是完美解決了這個問題。雖然本書內專案規模不會很大，但是 Vite 下一代網頁開發工具，多學多健康，所以在此使用 Vite 進行開發。

Tips：

關於 Vite 詳細原理，讀者可以看看以下連結：

- Vite 怎麼能那麼快？從 ES modules 開始談起
  https://blog.techbridge.cc/2020/08/07/vite-and-esmodules-snowpack/

3.4 建立專案

第一步也是最重要的一步，就是安裝 Node.js

下載 Node.js：https://nodejs.org/zh-tw/download

下載完成後只要一路按「下一步」就可以完成安裝了，相當簡單。

> **Tips：**
> 想要詳細了解甚麼是 Node.js，可以看看以下連結：
> https://zh.wikipedia.org/zh-tw/Node.js

接著開始建立環境，在此大家可以下載已經建立完成的環境開始。

專案連結：https://gitlab.com/drmaster/mcu-windows/-/tree/env

取得專案內容有以下兩個方法：

1. 熟悉 Git 的讀者們可以直接使用 git clone 命令拉下專案。
2. 打開連結後，找到 Download 按鈕，下載 zip 檔案解壓縮（如圖 3-11）。

▲ 圖 3-11　專案檔案之壓縮檔下載按鈕

Tips：

想要自己一步一腳印，從頭安裝的讀者們可以依序參考一下說明：

1. 使用 Vite 建立 Vue 3 + TypeScript 環境 https://vitejs.dev/guide
2. 安裝 Quasar
   https://quasar.dev/start/vite-plugin
3. 安裝 Taildwind
   https://tailwindcss.com/docs/guides/vite
4. 安裝 Pinia
   https://pinia.vuejs.org/getting-started.html
5. 安裝 Lodash、dayjs
   在專案下執行 npm 命令：npm i dayjs lodash
6. 完成

接著使用 VS Code 打開專案資料夾，會看到一堆檔案。

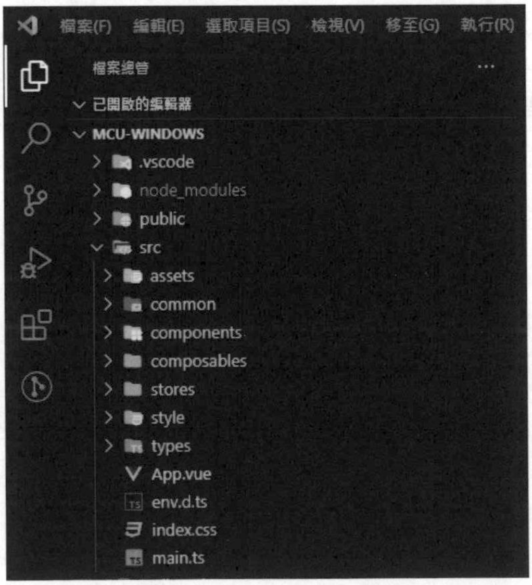

▲ 圖 3-12　開啟專案

讓我先說明幾個重要檔案的用途：

- package.json
  記錄此專案訊息，包含名稱、說明、相依套件等等。

- package-lock.json
  詳細記錄相依套件版本訊息，主要用來讓所有使用此專案的人之套件保持版本一致。

實務上我們都會使用許多現成套件，站在巨人的肩膀上開發，所以打開專案後最重要的第一步是「安裝套件」：

1. 在工具列找到「檢視」→「終端」，開啟終端機。

▲ 圖 3-13　終端機

2. 輸入 `npm i`，開始並等待安裝。
3. 輸入 `npm run dev`，開啟 dev server
4. 開啟瀏覽器，在網址列輸入終端機顯示的網址。(預設是 http://localhost:3000)

▲ 圖 3-14　dev server 網址

5. 開始開發！

以上我們成功完成環境建立，讓我們開始進入正式開發吧！

CHAPTER

04

Web Serial API 初體驗

我們來透過 Web Serial API 連接 COM 吧！

由於 Web Serial API 算是較新且少見的 API 所以最重要的第一步是安裝此 API 對應的 TypeScript 型別宣告。

需要在終端機中輸入 `npm install -D @types/w3c-web-serial` 進行安裝即可。

4.1 建立 Port 設定對話框

由於 Web Serial API 建立成功後的 Serial Port 物件會被多個卡片共用，所以透過 Pinia 建立 port.store 檔案，用來儲存 Serial Port 物件並提供給所有元件使用。

在 `src\stores` 路徑下新增 `port.store.ts` 檔案，並填入以下內容。

```
import { defineStore } from 'pinia';

interface State {
  port?: SerialPort;
}

export const usePortStore = defineStore('port', {
  state: (): State => ({
    port: undefined
  })
})
```

以上我們就準備完成一個用來儲存、共用 port 相關資料的 store 了，接下來就是建立一個用來讓使用者選擇 Port 的設定對話框，這裡使用 Quasar 提供的 Dialog Plugin 功能實現。

首先在 `src\components` 路徑下新增 `system-setting-dialog.vue` 檔案，並依照 Quasar「SFC with script setup (and Composition API) variant」的規定，新增程式內容。

```
<template>
  <q-dialog
    ref="dialogRef"
    @hide="onDialogHide"
  > </q-dialog>
</template>

<script setup lang="ts">
import { ref } from 'vue';
import { useDialogPluginComponent } from 'quasar';

interface Props {
  label?: string;
}
const props = withDefaults(defineProps<Props>(), {
  label: '',
});

defineEmits([
  ...useDialogPluginComponent.emits
])

const { dialogRef, onDialogHide, onDialogOK, onDialogCancel } =
useDialogPluginComponent();
</script>

<style scoped lang="sass">
</style>
```

Tips：

Quasar 之 SFC with script setup (and Composition API) variant 詳細說明可以參考此連結：https://quasar.dev/quasar-plugins/dialog#sfc-with-script-setup-and-composition-api-variant

接著就可以開始增加功能了！需求為：

- 若瀏覽器不支援 Web Serial API，則顯示「瀏覽器不支援 Web Serial API，請改用支援此 API 之瀏覽器」。
- 若瀏覽器支援 Web Serial API，則提供按鈕進行 Port 選擇。
- 尚未選擇完成前，無法關閉 Dialog 並彈出錯誤訊息。
- 選擇完成後自動關閉 Dialog。

從需求來看，需要先設計判斷「是否支援 Web Serial API」的功能，在 <script> 標籤中加入程式：

```
const notSupportSerialApi = computed(
  () => !navigator?.serial
);
```

接著在 <template> 中增加 HTML 內容，呈現環境不支援 Web Serial API 時的提示文字：

```
<template>
  <q-dialog
    ref="dialogRef"
    @hide="onDialogHide"
  >
    <q-card class="!rounded-2xl">
      <q-card-section class="p-8">
        <div class="text-base text-red">
```

```
        瀏覽器不支援 Web Serial API，請改用支援此 API 之瀏覽器
      </div>
    </q-card-section>
  </q-card>
</q-dialog>
</template>
```

Tips：

q-card 是 Quasar 提供的元件，詳細說明可以以下連結：
https://quasar.dev/vue-components/card

接下來我們把這個 Dialog 引入到 App.vue，讓網頁開啟的時候就出現吧！首先依 Quasar Dialog Plugin 的說明（https://quasar.dev/quasar-plugins/dialog#installation），安裝 Dialog Plugin：

在 `src\main.ts` ，檔案中加入程式：

```
import { Quasar, Dialog } from 'quasar'

...（省略重複程式，後續內容皆使用 ... 表示省略重複程式）

createApp(App)
  .use(Quasar, {
    plugins: {
      Dialog,
    },
    lang: quasarLang,
  })
  .use(createPinia())
  .mount('#app')
```

接下來在 `src\App.vue` ，使用 Dialog 吧！

src\App.vue <script>

```
import { useQuasar } from 'quasar';

import SystemSettingDialog from './components/system-setting-
dialog.vue';

const $q = useQuasar();

function init() {
  $q.dialog({
    component: SystemSettingDialog,
  })
}
init();
```

沒有意外的話應該會在網頁中看到如圖 4-1 的畫面：

瀏覽器不支援 Web Serial API，請改用支援此 API 之瀏覽器

▲ 圖 4-1　Dialog 不支援 Web Serial API 顯示內容

成功呈現錯誤訊息後，接下來在 `system-setting-dialog.vue` 加入實際呈現觸發 COM Port 選項的內容吧，

首先在 <tempalte> 中加入按鈕並使用 v-if 切換內容。

src\components\system-setting-dialog.vue <template>

```
<template>
  <q-dialog
```

```
    ref="dialogRef"
    @hide="onDialogHide"
  >
    <q-card
      v-if="notSupportSerialApi"
      class="!rounded-2xl"
    >
      <q-card-section class="p-8">
        <div class="text-base text-red">
          瀏覽器不支援 Web Serial API，請改用支援此 API 之瀏覽器
        </div>
      </q-card-section>
    </q-card>

    <q-card
      v-else
      class="!rounded-2xl"
    >
      <q-card-section class="min-w-[450px]">
        <q-list>
          <q-item-label header>
            系統設定
          </q-item-label>
          <q-item
            class="!rounded-2xl"
            clickable
          >
            <q-item-section avatar>
              <q-icon
                name="developer_board"
                color="grey-7"
              />
            </q-item-section>
```

```
            <q-item-section>
              <q-item-label>選擇 COM Port</q-item-label>
              <q-item-label caption>
                點擊選擇指定 COM Port
              </q-item-label>
            </q-item-section>
          </q-item>
        </q-list>
      </q-card-section>
    </q-card>
  </q-dialog>
</template>
```

▲ 圖 4-2　Dialog 觸發選擇 COM Port 內容

Tips：

Quasar 元件說明：

- q-list：https://quasar.dev/vue-components/list-and-list-items
- q-icon：https://quasar.dev/vue-components/icon

再來是將取得 Port 的功能綁定至選項中，先新增請求 Port 的 function。

src\components\system-setting-dialog.vue <script>

```
async function requestPort() {
  try {
    const port = await navigator.serial.requestPort();
  } catch (error) {
```

```
    // 使用者取消選擇不彈出錯誤提示
    if (`${error}`.includes('No port selected by the user')) {
      return;
    }
    console.error(`[ requestPort ] err : `, error);
    return;
  }
}
```

最後將此 function 綁定至 click 事件中。

```
src\components\system-setting-dialog.vue <template>
<template>
  <q-dialog ... >
    ...
    <q-card ... >
      <q-card-section class="min-w-[450px]">
        <q-list>
          <q-item-label header>
            系統設定
          </q-item-label>
          <q-item
            class="!rounded-2xl"
            clickable
            @click="requestPort()"
          >
            ...
          </q-item>
        </q-list>
      </q-card-section>
    </q-card>
  </q-dialog>
</template>
```

綁定完成後，點擊「選擇 COM Port」，會跳出如圖 4-3 視窗。

▲ 圖 4-3　請求選擇 COM

成功開啟視窗，取得 SerialPort 物件之後，還要存到 Pinia 中，讓之後所有的元件都可以取得並使用，所以要引入剛剛建立的 port.store。

src\components\system-setting-dialog.vue <script>

```
import { computed, ref } from 'vue';
import { useDialogPluginComponent, useQuasar } from 'quasar';
import { usePortStore } from '../stores/port.store';
...
const { dialogRef, onDialogHide, onDialogOK, onDialogCancel } =
useDialogPluginComponent();
 const portStore = usePortStore();
```

接著在 port.store 中新增一個用於儲存 Port 的功能。

src\stores\port.store.ts

```
...
export const usePortStore = defineStore('port', {
  state: (): State => ({
    port: undefined
  }),
  actions: {
    /** 設定 Port，將 SerialPort 物件儲存至 store 中 */
    setPort(port: SerialPort) {
      this.port = port;
    },
  }
})
```

最後在剛剛的 requestPort() 中呼叫 portStore 儲存得到的 SerialPort，並透過 Quasar 提供的 Notify 功能產生提示框。

如同 Dialog 一般，使用 Notify 之前也要先引入安裝，依 Quasar Notify Plugin 的說明（https://quasar.dev/quasar-plugins/notify#installation）安裝。

在 `src\main.ts` ，檔案中加入程式：

```
import { Quasar, Dialog, Notify } from 'quasar'
...（省略重複程式，後續內容皆使用 ... 表示省略重複程式）
createApp(App)
  .use(Quasar, {
    plugins: {
      Dialog, Notify
    },
    lang: quasarLang,
```

```
  })
  .use(createPinia())
  .mount('#app')
```

接著完成 requestPort() 功能。

src\components\system-setting-dialog.vue <script>

```
...
async function requestPort() {
  /** 請求連線 Port
   * https://developer.mozilla.org/en-US/docs/Web/API/Web_
Serial_API#checking_for_available_ports
   */
  try {
    const port = await navigator.serial.requestPort();

    // 儲存 Port
    portStore.setPort(port);
  } catch (error) {
    // 使用者取消選擇不彈出錯誤提示
    if (`${error}`.includes('No port selected by the user')) {
      return;
    }

    console.error(`[ requestPort ] err : `, error);
    $q.notify({
      type: 'negative',
      message: `選擇 COM Port 發生錯誤 : ${error}`,
    });
    return;
  }
}
```

> **Tips：**
> 記得將 Arduino 插在電腦上，以免沒有任何一個 COM 可以選。

如此我們已經完成這兩個功能需求了：

- 若瀏覽器不支援 Web Serial API，則顯示「瀏覽器不支援 Web Serial API，請改用支援此 API 之瀏覽器」。
- 若瀏覽器支援 Web Serial API，則提供按鈕進行 Port 選擇。

接著來實作最後兩個功能吧。

- 尚未選擇完成前，無法關閉 Dialog 並彈出錯誤訊息。
- 選擇完成後自動關閉 Dialog。

Quasar Dialog 有提供一個參數 – persistent，可以讓 Dialog 點擊外部行為從關閉變成不能關閉，我們透過此功能完成最後兩個功能需求吧。

> **Tips：**
> Quasar Dialog 之 persistent 範例
> https://quasar.dev/vue-components/dialog#example--persistent

首先新增一個狀態為 errorMessage，用於提供為何無法關閉的錯誤訊息。

```
const errorMessage = computed(() => {
  if (notSupportSerialApi.value) {
    return '瀏覽器不支援 Web Serial API';
  }

  if (!portStore.port) {
```

```
    return '請選擇 COM Port';
  }

  return undefined;
});
```

接著新增 isPersistent 狀態，用於提供 Dialog 的 persistent 輸入參數。

```
const isPersistent = computed(() => !!errorMessage.value);
```

最後將程式合在一起，得。

src\components\system-setting-dialog.vue

```
<template>
  <q-dialog
    ref="dialogRef"
    :persistent="isPersistent"
    @hide="onDialogHide"
  >
    ...
  </q-dialog>
</template>
<script setup lang="ts">
import { computed, ref } from 'vue';
...
const notSupportSerialApi = computed(
  () => !navigator?.serial
);
const errorMessage = computed(() => {
  if (notSupportSerialApi.value) {
    return '瀏覽器不支援 Web Serial API';
  }
```

```
  if (!portStore.port) {
    return '請選擇 COM Port';
  }

  return undefined;
});

const isPersistent = computed(() => !!errorMessage.value);

...
</script>
```

這個時候應該就會發現，點擊 Dialog 外部區域沒辦法關閉 Dialog 了。為了讓體驗好一點，應該讓此刻同時觸發提示訊息，讓使用者知道發生了甚麼事。

實現這個功能，我們只要綁定 Quasar Dialog 提供的 shake 事件並發出 errorMessage 的訊息，即可達成效果。

首先新增名為 handleShake 的 function：

```
function handleShake() {
  // 沒有錯誤訊息，不產生提示框
  if (!errorMessage.value) return;

  // 透過提示框呈現 errorMessage 文字
  $q.notify({
    type: 'negative',
    message: errorMessage.value,
  });
}
```

接著將 handleShake 綁定至 Dialog 的 shake 事件：

src\components\system-setting-dialog.vue <template>

```
  <q-dialog
    ref="dialogRef"
    :persistent="isPersistent"
    @hide="onDialogHide"
    @shake="handleShake()"
  >
...
```

這個時候點擊 Dialog 外部區域，會發現除了 Dialog 會震動之外，畫面下方還會跑出錯誤訊息。

▲ 圖 4-4　Quasar Notify 顯示錯誤訊息

以上我們完成「尚未選擇完成前，無法關閉 Dialog 並彈出錯誤訊息」功能需求了，只剩下最後一個功能需求「選擇完成後自動關閉 Dialog」了。

這裡有個簡單的實現方式，只要判斷 isPersistent 狀態是否為 false 並呼叫 onDialogOK 即可完成需求，在此透過 Vue 的 watch 功能實現。

```
const isPersistent = computed(() => !!errorMessage.value);

watch(isPersistent, (value) => {
  if (value) return;

  onDialogOK();
});
```

以上我們成功完成「Port 設定對話框（system-setting-dialog）」這個元件的功能了！以下連結可以查看完整影片。

▲ 圖 4-5　system-setting-dialog 完整功能
（連結：https://youtu.be/eFKR8oAXFGo）

讓我們總結一下：

- 建立 Port 設定對話框
- 透過 Web Serial API 取得 COM 存取權限
- 將 Port 儲存至 Pinia 共用。

Tips：

以上程式碼已同步至 GitLab 中，可以開啟以下連結查看：

https://gitlab.com/drmaster/mcu-windows/-/tree/feature/system-setting-dialog

4.2 建立資料收發模組

成功透過 Serial API 取得 Port 存取權限之後，再來就要進入建立實際接收並解析資料的功能了。

若每個需要串列通訊資料的地方都要寫一次讀取相關的程式，會導致程式不好維護，而且若多個元件直接發送資料給 COM，可能會導致訊息塞車、發生不可預期的異常，所以我們在此將建立一個模組，負責統一處理串列通訊資料。

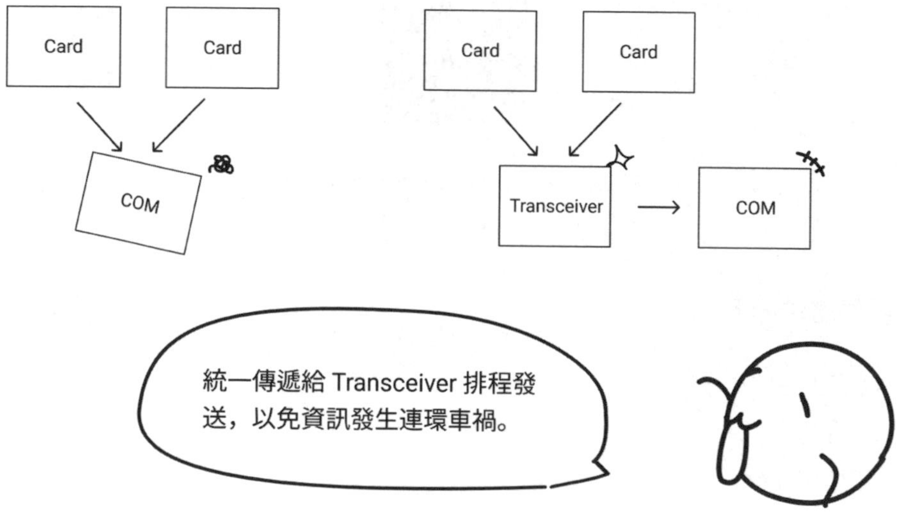

▲ 圖 4-6　為何需要資料收發模組

此模組的功能需求為：

- 使用 Serial API 提供之 SerialPort 物件讀寫資料。

建立名為 port-transceiver 的模組，實際規格內容如下：

- 使用觀察者模式，讓物件可以發出事件。

  如同網頁開發之 DOM Event 一般，註冊事情後，一旦事件觸發，便會呼叫指定 function。具體實作方式為繼承 EventEmitter2，用法説明詳見文檔。

> **Tips：**
>
> DOM Event 可以看看以下最經典的 click 事件：
>
> https://developer.mozilla.org/zh-TW/docs/Web/API/Element/click_event
>
> EventEmitter2 詳細內容可以參考以下連結：
>
> https://github.com/EventEmitter2/EventEmitter2

- 透過 debounce 處理資料接收。

  持續有資料接收時不會發送事件，等到超過指定時間後再發出事件。

- 佇列排程發送資料。

  以免不同來源資料在過短時間內同時送出，讓 MCU 解析命令發生錯誤。

- 透過 Serial API 讀取、發送資料。

規格感覺好多好難啊，別怕，我們不會一次實踐所有規格，一步一步來吧！第一步先安裝 EventEmitter2，在終端機輸入以下命令進行安裝：

```
npm i eventemitter2
```

接著建立 port-transceiver 檔案，在此透過 Class 建立模組：

src\common\port-transceiver.ts

```
import EventEmitter2 from 'eventemitter2';

export class PortTransceiver extends EventEmitter2 {
```

```
  constructor() {
    super();
  }
}
```

Tips：

有關 JavaScript 與 TypeScript 中之 Class 用法可以參考以下連結：

https://medium.com/enjoy-life-enjoy-coding/typescript- 從 -ts- 開始學習物件導向 -class- 用法 -20ade3ce26b8

https://willh.gitbook.io/typescript-tutorial/advanced/class

從 Web Serial API 說明可以得知，需要取得或寫入資料，我們需要從 SerialPort 物件中取得 reader 與 writer 物件。

Tips：

Web Serial API 用法可以參考以下連結：

https://wicg.github.io/serial/#readable-attribute

https://developer.mozilla.org/en-US/docs/Web/API/Web_Serial_API#reading_data_from_a_port

不過我們先收到資料比較重要，所以先來實現「接收」的功能，讓我們加上 Class 中的私有成員，並在建構子加入參數。

src\common\port-transceiver.ts

```
import EventEmitter2 from 'eventemitter2';
```

```
export interface Options {
  /** Reader 完成讀取資料之 debounce 時間
   * 由於 Firmata 採樣頻率 (Sampling Interval) 預設是 19ms 一次
   * 所以只要設定小於 19ms 數值都行，考慮傳輸速度後，這裡取個整數，預設為
10ms
   *
   * [參考文件 : Firmata Sampling Interval](https://github.com/
firmata/protocol/blob/master/protocol.md#sampling-interval)
   */
  readEmitDebounce: number;
}

export class PortTransceiver extends EventEmitter2 {
  /** 透過 requestPort() 取得之目標 COM Port */
  private port?: SerialPort;
  private reader?: ReadableStreamDefaultReader<Uint8Array>;
  /** 暫存目前已接收的數值 */
  private receiveBuffer: number[] = [];

  /** 設定 */
  private options: Options = {
    readEmitDebounce: 10,
  };

  constructor(port: SerialPort) {
    super();

    this.port = port;
  }
}
```

Class 內的變數都準備好了，那就準備開始加入 Method 吧！首先加入私有 startReader()，用於取得 reader 並持續讀取資料。

```
  /** Serial.Reader 開始讀取資料
   *
   * 參考資料：
   * [W3C](https://wicg.github.io/serial/#readable-attribute)
   * [MDN](https://developer.mozilla.org/en-US/docs/Web/API/Web_
Serial_API#reading_data_from_a_port)
   */
  private async startReader() {
    const port = this.port;

    if (!port?.readable || port.readable.locked) return;

    try {
      this.reader = port.readable.getReader();

      for (; ;) {
        const { value, done } = await this.reader.read();
        if (done) break;

        // 將收到的資料儲存至 receiveBuffer
        this.receiveBuffer.push(...value);
      }
    } catch (err) {
      // 對外發出錯誤訊息
      this.emit('error', err);
    } finally {
      this.reader?.releaseLock();
    }
  }
```

加入用於完成接收的 finishReceive()。

```
/** 完成接收，emit 已接收資料 */
private finishReceive() {
  this.emit('data', this.receiveBuffer);
  // 清空 buffer
  this.receiveBuffer.length = 0;
}
```

新增對外公開的 start() 與 stop()。

```
/** 開啟監聽 Port 資料 */
async start() {
  if (!this?.port?.open) {
    return Promise.reject('Port 無法開啟');
  }

  try {
    // Firmata bps 固定為 57600
    await this.port.open({ baudRate: 57600 });
  } catch (error) {
    return Promise.reject(error);
  }

  this.emit('opened');
  this.startReader();
}
/** 關閉 Port */
stop() {
  this.removeAllListeners();

  this.reader?.releaseLock?.();
  this.port?.close?.();
}
```

如此我們便完成開始接收資料的功能了，關鍵來了，所以究竟甚麼時候要呼叫 finishReceive() 這個 Method 呢？依照 Firmata 的說明，採樣頻率是 19ms，意思是每 19ms 就會回傳一次資料，但是傳輸一次資料大約多久呢？

Firmata 的 bps 固定為 57600，意思是「每秒鐘 57600 個 bit」，而串列通訊每傳輸 byte 都需要加上起始位元（start bit）與結束位元（stop bit），所以每個 byte 實際上傳輸的 bit 數為 8+2=10 bit。

也就是說如果傳輸 50 byte 的資料，實際上傳輸的時間為：

$$\frac{50\,byte \times 10\,{}^{bit}/_{byte}}{57600\,{}^{bit}/_{s}} = \frac{500bit}{57600\,{}^{bit}/_{s}} = \frac{500}{57600}\mathrm{s} = 0.00868\mathrm{s} = 8.68\mathrm{ms}$$

得大約是 8.68 毫秒。

就本書目前應用的 Firmata 資料中，基本上連續傳輸的資料都不會超過 50 byte，所以只要回傳的資料間距大於 19-8.68=10.32ms 以上，就可以算是 Firmata 資料傳輸完成，這裡我們取個整數為 10ms。

現在我們知道資料傳輸間隔時間了，所以具體要如何實現呢？這裡我們採用一個簡單的方法：debounce。

Tips：

Debounce 和他的好兄弟 Throttle 之詳細說明可以參考以下連結：
https://ithelp.ithome.com.tw/articles/10222749

debounce 顧名思義為去抖動或去彈跳，在數位訊號處理中是一種相當常見的概念，簡單來說就是可以將指定時間內多次觸發轉換為單次觸發。

舉例來說，若 Debounce 時間設定為 1 秒，就算我們在 1 秒內連續按下 10 次按鍵，也會在 1 秒後被解釋為只有按 1 下。

基於上述說明，所以我們在 Class 內部成員中新增儲存 debounce 用的變數，而 debounce 功能則由 lodash 提供。

```
import EventEmitter2 from 'eventemitter2';
import { debounce } from 'lodash';
...
export interface DebounceFunction {
  finishReceive?: ReturnType<typeof debounce>;
}

export class PortTransceiver extends EventEmitter2 {
  ...
  /** 設定 */
  private options: Options = {
    readEmitDebounce: 10,
  };

  /** debounce 原理與相關資料可以參考以下連結
   *
   * [Debounce 和 Throttle](https://ithelp.ithome.com.tw/
articles/10222749)
   */
  private debounce: DebounceFunctionMap = {
    finishReceive: undefined,
  };

  constructor(port: SerialPort) {
    super();

    this.port = port;
}
```

```
  ...
}
```

接著在 constructor 內，建構 debounce。

```
constructor(port: SerialPort) {
  super();

  this.port = port;

  this.debounce.finishReceive = debounce(() => {
    this.finishReceive();
  }, this.options.readEmitDebounce);
}
```

並在 startReader 中呼叫 this.debounce.finishReceive() 即可完成發出資料功能。

```
private async startReader() {
  ...
  try {
    this.reader = port.readable.getReader();

    for (; ;) {
      const { value, done } = await this.reader.read();
      if (done) break;

      // 將收到的資料儲存至 receiveBuffer
      this.receiveBuffer.push(...value);
      // 超過設定時間之後，呼叫 finishReceive()
      this.debounce.finishReceive?.();
    }
  } ...
}
```

最終新增一個與 class PortTransceiver 同名的 interface，用來定義註冊的事件名稱，可以增加模組使用體驗。

```
import EventEmitter2, { Listener, OnOptions } from
'eventemitter2';
...
export class PortTransceiver extends EventEmitter2 {
  ...
}

export interface PortTransceiver {
  on(event: 'error', listener: (error: any) => void, options?:
boolean | OnOptions): this | Listener;
  on(event: 'data', listener: (data: number[]) => void, options?:
boolean | OnOptions): this | Listener;
  once(event: 'error', listener: (error: any) => void, options?:
boolean | OnOptions): this | Listener;
  once(event: 'data', listener: (data: number[]) => void,
options?: boolean | OnOptions): this | Listener;
}
```

port-transceiver 接收功能完成後，那就來實測看看能不能收到資料吧！讓我們回到 port.store 檔案中，新增 transceiver 變數。

src\stores\port.store.ts

```
import { defineStore } from 'pinia';
import { PortTransceiver } from '../common/port-transceiver';

interface State {
  port?: SerialPort;
  transceiver?: PortTransceiver;
}
```

```
export const usePortStore = defineStore('port', {
  state: (): State => ({
    port: undefined,
    transceiver: undefined,
  }),
  ...
})
```

並在 actions 之 setPort 中，建立 PortTransceiver 物件。

```
  actions: {
    /** 設定 Port，將 SerialPort 物件儲存至 store 中 */
    setPort(port: SerialPort) {
      this.port = port;

      // 若 transceiver 已經建立，則關閉
      this.transceiver?.stop();

      // 建立 PortTransceiver 物件
      this.transceiver = new PortTransceiver(port);
      this.transceiver.start();
    },
  }
```

建立完成後，讓我們在 App.vue 中實際引用 port.store 中的 transceiver，試試看是否能夠成功收到資料吧。

src\App.vue <script>

```
import { watch } from 'vue';
import { useQuasar } from 'quasar';
import { usePortStore } from './stores/port.store';
...
const $q = useQuasar();
const portStore = usePortStore();
```

```
// 偵測 transceiver 變化
watch(() => portStore.transceiver, (transceiver) => {
  // transceiver 不存在，結束
  if (!transceiver) return;

  // 建立監聽事件
  transceiver.on('data', (data) => {
    console.log(`transceiver data : `, data);
  });

  transceiver.on('error', (error) => {
    console.error(`transceiver error : `, error);
  });
});

function init() {
...
```

透過 4.1 章完成的 Port 設定對話框，選擇連接 Arduino 的 COM Port 後，大約 3 秒內，應該會在 DevTool 中出現如圖 4-7 訊息。

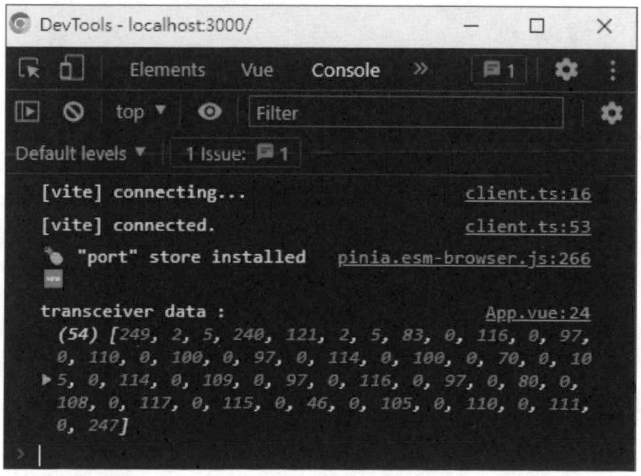

▲ 圖 4-7　透過 Web Serial API 收到資料

以上我們成功透過 Web Serial API 收到資料了！可喜可賀！眼尖的讀者一定會發現 DevTool 印出的訊息和我們在 2.3 章分析的數值一模一樣，不過如果不一樣就見鬼了 ...(ﾟДﾟ*)ﾉ

接下來讓我們進入解析並發送 Firmata 命令的部分吧！

Tips：

以上程式碼已同步至 GitLab 中，可以開啟以下連結查看：

https://gitlab.com/drmaster/mcu-windows/-/tree/feature/create-port-transceiver

4.3 建立 Firmata 功能

從第 2 章的內容大家一定可以發現 Firmata 資料是用數字的方式傳輸，人類沒有辦法直接看懂數值（要是有讀者有辦法直接看得懂，請接受我佩服的一拜），所以我們需要建立一個「翻譯機」，用於將 Firmata 資料數字轉換成可以直接閱讀的資料。

讓我們建立 Firmata 模組，將接收到的數值解析成對應的資料吧。

首先新增 firmata responce 的資料集，用來描述各種 Firmata 回應的資料內容。

功能需求為：

- 定義所有 firmata responce 內容
- 設計 responce 定義資料格式

- key：此回應資料的 key。
- eventName：此資料對應觸發的 event 名稱。
- match()：用來判斷回應資料是否符合。
- getData()：將回應資料轉為 Firmata 資料。

建立名為 response-define 的檔案，先加入型別定義。

src\common\firmata\response-define.ts

```
/** 回應 Key 種類 */
export enum ResponseKey {
  FIRMWARE_NAME = 'firmware-name',
}

/** 事件名稱種類 */
export enum EventName {
  INFO = 'info',
}

/** 回應基本定義 */
interface ResponseDefine<T extends `${ResponseKey}`, K extends
`${EventName}`, U> {
  /** 回應資料的 key */
  key: T;
  /** 此資料對應觸發的 event 名稱 */
  eventName: K;
  /** 用來判斷回應資料是否符合 */
  match: (res: number[]) => boolean;
  /** 從 byte 中取得資料 */
  getData: (res: number[]) => U;
}

/** 回應定義清單 */
export const responses: FirmataResponse[] = []
```

接下來讓我們在 responses 中加入第一個定義，第一個定義當然歸「啟動回應」莫屬了，也就是 2.3 章中分析的那段一訊息。

加入定義與型別。

```
/** 回應 Key 種類 */
export enum ResponseKey {
  FIRMWARE_NAME = 'firmware-name',
}
...

/** Firmata 資訊 */
export interface FirmataInfo {
  /** 版本號 */
  version: string;
  /** 韌體名稱 */
  firmwareName: string;
}

export type FirmataData = FirmataInfo;

/** 回應 Firmata 韌體資訊 */
type ResponseFirmwareName = ResponseDefine<'firmware-name',
'info', FirmataInfo>;

export type FirmataResponse = ResponseFirmwareName;

/** 回應定義清單 */
export const responses: FirmataResponse[] = [
  // firmware-name: 韌體名稱與版本
  {
    key: 'firmware-name',
    eventName: 'info',
```

```
    match(res) {
    },
    getData(res) {
    },
  },
]
```

讓我們依序完成 match() 與 getData() 的內容吧，首先是 match()。

match() 用來判斷目前接收到的數值是不是對應的 Firmata 回應，這裡用一個簡單暴力的判斷方法 (◕ ᴗ◕✿) /。

就是「直接將數值矩陣轉為字串後，判斷有沒有含有相符字串」。

Tips：

大家可以自行實作速度更快的演算法 ヽ(✿ﾟ▽ﾟ)ノ

首先建立一個 utils 工具，集中各類運算功能。

src\common\utils.ts

```
/** 判斷 Array 是否包含另一特徵 Array */
export function matchFeature(array: number[], feature: number[]) {
  const arrayString = array.join();
  const featureString = feature.join();

  return arrayString.includes(featureString);
}
```

然後在 match() 中使用 matchFeature 並加入特徵，從 2.3 章的分析可以知道連線成功後回傳的訊息一定是 F0 79 開頭。

```
import { matchFeature } from "../utils";
...
/** 回應定義清單 */
export const responses: FirmataResponse[] = [
  // firmware-name: 韌體名稱與版本
  {
    key: 'firmware-name',
    eventName: 'info',
    match(res) {
      // 回應開頭一定為 F0 79
      const featureBytes = [0xF0, 0x79];
      return matchFeature(res, featureBytes);
    },
    getData(res) {
    },
  },
]
```

接著是 getData() 部分，讓我們複習一下先前的解析成果。

```
F9 02 05 // 協定版本

F0 // 起始值
79 // 命令類型：查詢韌體
02 // major version
05 // minor version

53 00 // firmware name
74 00
61 00
6E 00
64 00
61 00
72 00
```

```
64 00
46 00
69 00
72 00
6D 00
61 00
74 00
61 00
50 00
6C 00
75 00
73 00
2E 00
69 00
6E 00
6F 00

F7 // 結束值
```

可以知道：

- 79 之後緊接著 major 和 minor version
- 之後一路到 F7 之前都是韌體名稱

依此可以設計程式：

```
  getData(res) {
    // 取得特徵起點
    const index = res.lastIndexOf(0x79);

    // 版本號
    const major = res[index + 1];
    const minor = res[index + 2];
```

```
    // 取得剩下的資料
    const nameBytes = res.slice(index + 3, -1);

    /** 由於 MSB 都是 0
     * 所以去除 0 之後，將剩下的 byte 都轉為字元後合併
     * 最後的結果就會是完整的名稱
     */
    const firmwareName = nameBytes
      .filter((byte) => byte !== 0)
      .map((byte) => String.fromCharCode(byte))
      .join('');

    return {
      version: `${major}.${minor}`,
      firmwareName
    }
  },
```

到此我們便完成定義 response-define 的內容了，再來就是使用定義好的資料了。

建立一個名為 `firmata-utils.ts` 的模組，負責提供解析、取得命令等等功能。在此先實現解析命令的功能。

src\common\firmata\firmata-utils.ts

```
import { responses, ResponseKey, EventName, FirmataData } from
'./response-define';

export interface ResponseParsedResult {
  key: `${ResponseKey}`;
  eventName: `${EventName}`;
  oriBytes: number[];
  data: FirmataData;
```

```
}

/** 解析 Firmata 回傳資料 */
export function parseResponse(res: number[]):
ResponseParsedResult[] {
  // 找出所有符合的回應
  const matchResDefines = responses.filter((define) =>
    define.match(res)
  );

  if (matchResDefines.length === 0) {
    return [];
  }

  const results = matchResDefines.map((resDefine) => {
    const data = resDefine.getData(res);
    const { key, eventName } = resDefine;

    const result: ResponseParsedResult = {
      key,
      eventName,
      oriBytes: res,
      data,
    }
    return result;
  });

  return results;
}
```

現在我們可以解析 Firmata 資料了，讓我們回頭來修改一下 port-transceiver 的內容，引入 firmata-utils，讓 port-transceiver 發出 firmata 解析完成的資料吧！

首先調整一下 finishReceive() 內容。

src\common\port-transceiver.ts

```
import EventEmitter2, { Listener, OnOptions } from 'eventemitter2';
import { debounce } from 'lodash';
import { parseResponse } from './firmata/firmata-utils';

...

export class PortTransceiver extends EventEmitter2 {
  ...
  /** 完成接收，emit 已接收資料 */
  private finishReceive() {
    // 解析回應內容
    const results = parseResponse(this.receiveBuffer);
    if (results.length === 0) {
      this.receiveBuffer.length = 0;
      return;
    }

    // emit 所有解析結果
    results.forEach(({ key, eventName, data }) => {
      // 若 key 為 firmware-name 表示剛啟動，emit ready 事件
      if (key === 'firmware-name') {
        this.emit('ready', data);
      }

      this.emit(eventName, data);
    });

    // 清空 buffer
    this.receiveBuffer.length = 0;
  }
```

```
}
...
```

如此便可以在解析資料完成之後，發出對應的事件與資料，可以發現 emit 事件變多了，為了保證程式可靠性，讓我們重構一下 emit 事件名稱的定義方式，將 emit 事件名稱統一使用 enum 列舉，並引入 response-define 內的 EventName。

src\common\port-transceiver.ts

```
...
import { FirmataInfo, EventName as ResponseEventName } from
'./firmata/response-define';

export enum EventName {
  /** Port 成功開啟 */
  OPENED = 'opened',
  /** Firmata 韌體啟動完成 */
  READY = 'ready',
  /** 發生異常 */
  ERROR = 'error',
}
...
  /** 開啟監聽 Port 資料 */
  async start() {
    ...

    this.emit(`${EventName.OPENED}`);
    this.startReader();
  }
  ...
  private async startReader() {
    ...
```

```
    try {
     ...
    } catch (err) {
      // 對外發出錯誤訊息
      this.emit(`${EventName.ERROR}`, err);
    } finally {
      this.reader?.releaseLock();
    }
  }
  /** 完成接收，emit 已接收資料 */
  private finishReceive() {
    ...
    // emit 所有解析結果
    results.forEach(({ key, eventName, data }) => {
      // 若 key 為 firmware-name 表示剛啟動，emit ready 事件
      if (key === 'firmware-name') {
        this.emit(`${EventName.READY}`, data);
      }

      this.emit(eventName, data);
    });
...
  }
}

type ListenerOption = boolean | OnOptions;

export interface PortTransceiver {
  on(event: `${EventName.OPENED}`, listener: () => void,
options?: ListenerOption): this | Listener;
  on(event: `${EventName.ERROR}`, listener: (error: any) => void,
options?: ListenerOption): this | Listener;
  on(event: `${EventName.READY}` | `${ResponseEventName.INFO}`,
```

```
listener: (data: FirmataInfo) => void, options?: ListenerOption):
this | Listener;

  once(event: `${EventName.OPENED}`, listener: () => void,
options?: ListenerOption): this | Listener;
  once(event: `${EventName.ERROR}`, listener: (error: any) =>
void, options?: ListenerOption): this | Listener;
  once(event: `${EventName.READY}` | `${ResponseEventName.INFO}`,
listener: (data: FirmataInfo) => void, options?: ListenerOption):
this | Listener;
}
```

以上就萬事俱備，只差實測了！ ~\(≧▽≦)/~

讓我們回到 App.vue 中，應該會發現 on('data') 的部份出現錯誤提示，這是因為經過調整之後 port-transceiver 目前沒有 data 這個 emit 事件了，這時候刪掉原本的 data，輸入單引號時，應該就會跑出 emit 事件名稱的自動提示。

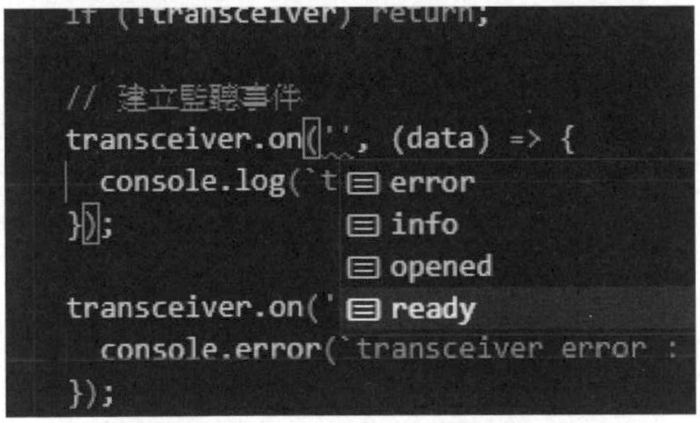

▲ 圖 4-8　emit 事件名稱提示

這就是 TypeScript 的魔法，如此便可以有效提升程式碼品質，避免一些低級錯誤。

讓我們調整一下這個部分的程式碼，讓單晶片連接完成之後產生提示訊息。

- 把事件改為 ready，並新增「等待 Board 啟動 ...」的讀取訊息。
- 連接完成後，關閉讀取訊息，發出完成提示訊息。

src\App.vue <script>

```
...
// 偵測 transceiver 變化
watch(() => portStore.transceiver, (transceiver) => {
  // transceiver 不存在，結束
  if (!transceiver) return;

  const dismiss = $q.notify({
    type: 'ongoing',
    message: '等待 Board 啟動...',
  });

  // 建立監聽事件
  transceiver.once('ready', ({ version, firmwareName }) => {
    dismiss();

    $q.notify({
      type: 'positive',
      message: `初始化成功，韌體名稱「${firmwareName}」，版本：
「${version}」`,
    });
  });

  transceiver.on('error', (error) => {
    console.error(`transceiver error : `, error);

    $q.notify({
```

```
        type: 'negative',
        message: `transceiver 發生錯誤 : ${error}`,
      });
    });
  });
...
```

現在選擇完成 COM Port 之後，應該會出現如圖 4-9 提示。

等待 Board 啟動...

▲ 圖 4-9　等待啟動之讀取提示

大概 2、3 秒後會換成如圖 4-10 訊息。

初始化成功，韌體名稱「StandardFirmataPlus.ino」，版本：「2.5」

▲ 圖 4-10　初始化成功提示訊息

至此我們成功解析 Firmata 訊息了！ o(〃 ^ ▽ ^ 〃)o

> **Tips：**
>
> 以上程式碼已同步至 GitLab 中，可以開啟以下連結查看：
> https://gitlab.com/drmaster/mcu-windows/-/tree/feature/build-firmata-functions

4.4 儲存並顯示 Firmata 資料

成功解析 Firmata 資料後，我們把這些資料透過 Pinia 儲存並共享給所有元件吧！

首先建立 board.store 檔案，用來儲存 Firmata 提供之開發板（Arduino Uno）資訊。

src\stores\board.store.ts

```
import { defineStore } from 'pinia';
import { FirmataInfo } from '../common/firmata/response-define';

interface State {
  version?: string;
  firmwareName?: string;
}

export const useBoardStore = defineStore('board', {
  state: (): State => ({
    version: undefined,
    firmwareName: undefined,
  }),
  actions: {
    setInfo({ version, firmwareName }: FirmataInfo) {
      this.$patch({
        version,
        firmwareName
      });
    }
  }
})
```

在 App.vue 引入 board.store，並在 on('ready') 事件中呼叫 setInfo()。

src\App.vue

```
...
import { usePortStore } from './stores/port.store';
import { useBoardStore } from './stores/board.store';
...
const portStore = usePortStore();
const boardStore = useBoardStore();

// 偵測 transceiver 變化
watch(() => portStore.transceiver, (transceiver) => {
  ...
  // 建立監聽事件
  transceiver.once('ready', ({ version, firmwareName }) => {
    boardStore.setInfo({
      version, firmwareName
    });

    dismiss();
...
  });
  ...
});
...
```

這時候有一個小問題，所以一定要把 store 內的資料放到模板中，才能確認數值是否正確嗎？

答案是否，我們可以安裝瀏覽器外掛，協助我們進行除錯與開發。

以 Chrome 瀏覽器為例，在應用程式商店搜尋「Vue.js devtools」並進行安裝。

Tips：

也可以點擊以下連結開啟網頁：

https://chrome.google.com/webstore/detail/vuejs-devtools/nhdogjmejiglipccpnnnanhbledajbpd

安裝完成後，在網頁中開啟 DevTools 視窗（滑鼠右鍵後點選「檢查」或按下 F12 皆可），應該會出現一個名為「Vue」的分頁。

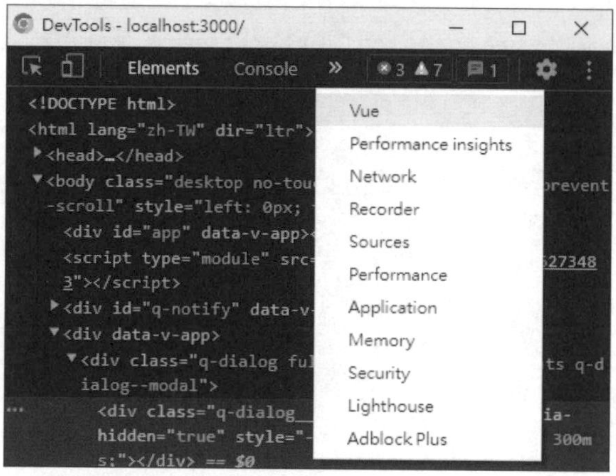

▲ 圖 4-11　DevTools 之 Vue 分頁

點擊分頁之後，如圖 4-12 點選 Pinia 頁面。

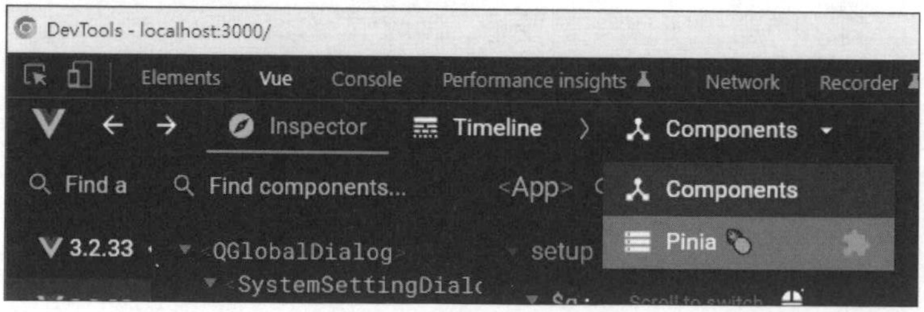

▲ 圖 4-12　切換至 Pinia 頁面

確認左側 store 目標為 board，就可以如圖 4-13 一樣，看到 board.store 目前儲存的數值了！

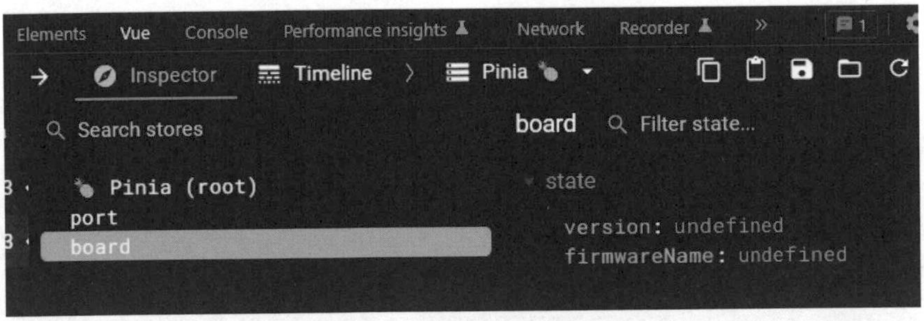

▲ 圖 4-13　board.store 實際內容

接著一樣操作選擇 COM Port 的動作並觀察看看數值變化。

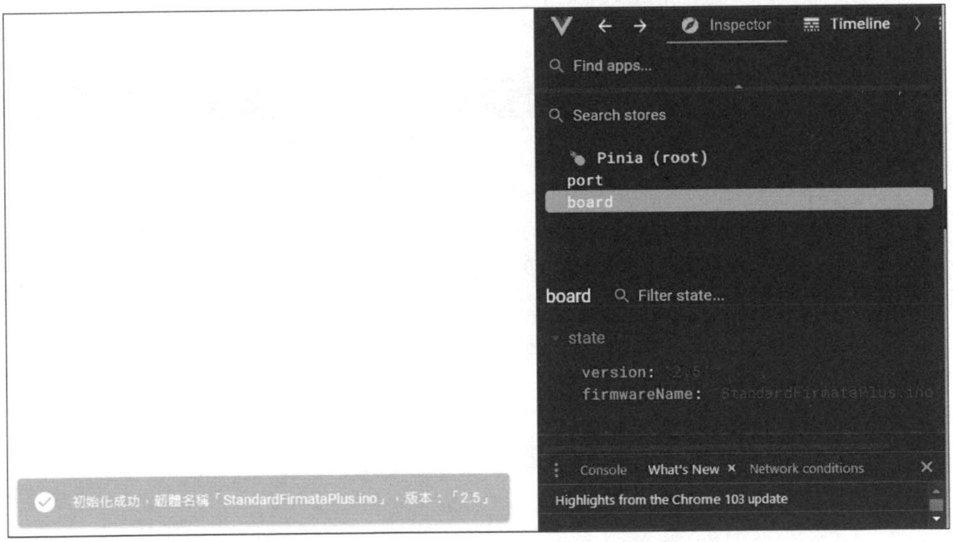

▲ 圖 4-14　成功儲存 board.store 資料

成功把資料儲存至 board.store 了！最後將此資料顯示出來吧，我們讓韌體名稱與編號顯示在畫面最右下角處。

透過 computed 新增 boardInfo，用於呈現內容。

src\App.vue <script>

```
..

const boardInfo = computed(() => {
  if (!boardStore.version) {
    return 'unknown';
  }

  return `${boardStore.firmwareName} - v${boardStore.version}`;
});

..
```

接著在模板加入文字。

src\App.vue <template>

```
  <div class=" absolute bottom-2 right-3 text-right text-gray-400
tracking-widest">
    {{ boardInfo }}
  </div>
```

此時畫面右下角應該會出現如圖 4-15 文字。

▲ 圖 4-15　顯示 boardInfo 訊息

看起來不錯，不過好像有點單調，讓我們換個看起來科幻一點的字體，看起來比較厲害。ᕕ(´∀`ᕕ)

我們可以從 Google Font 尋找字體。

Tips：

關於 Google Font 用法可以參考以下連結：

https://fonts.google.com/

https://ithelp.ithome.com.tw/articles/10263759?sc=iThomeR

找到字體之後，先新增 global.sass 檔案，用於定義全局樣式，新增名為 .font-orbitron 的 Class 用來套用科幻字體。

src\style\global.sass

```
@import url('https://fonts.googleapis.com/css2?family=Orbitron:
wght@400;500;600;700;800;900&display=swap')

.font-orbitron
  font-family: 'Orbitron'
```

接著在 main.ts 引入 global.sass

src\main.ts

```
...

import App from './App.vue'

// 自訂樣式
import './style/global.sass'
import './style/animate.sass'

import './index.css'

...
```

最後把剛才的文字加入新字體吧！

src\App.vue <template>

```
  <div class=" absolute bottom-2 right-3 text-right text-gray-400
tracking-widest font-orbitron">
    {{ boardInfo }}
  </div>
```

▲ 圖 4-16　酷酷的字體

完成！看起來應該有比較酷一點吧 ... ~(´・ω・`)~

Tips：

以上程式碼已同步至 GitLab 中，可以開啟以下連結查看：
https://gitlab.com/drmaster/mcu-windows/-/tree/feature/show-board-info

● 4.5 今晚，我想來點「腳位清單」加「功能模式」，配「類比映射表」

在進入建立視窗元件之前，我們必須先取得必要 MCU 資訊，所以這個章節讓我們繼續取得更多 Firmata 資料吧。

接下來預計還要取得以下資訊：

- MCU 所有腳位與其支援功能
- 類比腳位映射表

4.5.1 取得腳位與功能

同 2.3 章過程，打開 Firmata Protocol，在「Capability Query」章節可以找到腳位與功能相關說明。

查詢命令為：

```
0 START_SYSEX       (0xF0)
1 CAPABILITY_QUERY (0x6B)
2 END_SYSEX         (0xF7)
```

回應資料為：

```
0 START_SYSEX                        (0xF0)
1 CAPABILITY_RESPONSE                (0x6C)
2 1st supported mode of pin 0
3 1st mode's resolution of pin 0
4 2nd supported mode of pin 0
5 2nd mode's resolution of pin 0

... additional modes/resolutions, followed by `0x7F`, to mark the
end of the pin's modes. Subsequently, each pin follows with its
modes/resolutions and `0x7F`, until all pins are defined.

N END_SYSEX                          (0xF7)
```

從以上說明可以得知：

- 查詢命令為 `[ 0xF0, 0x6B, 0xF7 ]`。

- 0xF0 開頭，而 0x6C（CAPABILITY_RESPONSE）之後會接續其腳位內容。
- 以 0x7F 分隔每個腳位內容。
- 每個腳位支援模式以 2 bytes 表示，第一個 byte 表示「腳位模式」（Mode），第二 byte 表示「模式解析度（Mode Resolution）」或某些特殊功能定義。

這個資料不像版本編號與名稱那樣，開啟 COM 就會自動回傳，需要主動發送查詢命令才行，所以我們在 port-transceiver 增加發送命令的功能吧。

首先新增 cmd-define.ts 用來定義命令，概念同 response-define。

src\common\firmata\cmd-define.ts

```
/** 命令 Key 種類 */
export enum CmdKey {
  QUERY_CAPABILITY = 'query-capability',
}

interface CmdDefine<T extends `${CmdKey}`, P = undefined> {
  /** 命令 key */
  key: T;
  /** 取得命令資料 */
  getValue: (params: P) => number[];
}

export type FirmataCmdParams = undefined;

/** 查詢所有腳位與功能命令 */
type CmdQueryCapability = CmdDefine<'query-capability'>;

export type FirmataCmd = CmdQueryCapability;
```

```
export const cmds: FirmataCmd[] = [
  // query-capability: 查詢所有腳位與功能
  {
    key: 'query-capability',
    getValue() {
      return [0xF0, 0x6B, 0xF7];
    },
  },
]
```

Tips：

可能會有讀者注意到「為甚麼有一個 type FirmataCmdParams 設為 undefined？」因為未來一定有命令需要定義 params 類型，只是目前的命令還不需要 params，所以先預留 FirmataCmdParams 這個型別定義，用於未來方便擴充。

然後在 firmata-utils.ts 新增提供命令資料的方法。

src\common\firmata\firmata-utils.ts

```
/** 命令 Key 種類 */
export enum CmdKey {
  QUERY_CAPABILITY = 'query-capability',
}

interface CmdDefine<T extends `${CmdKey}`, P = undefined> {
  /** 命令 key */
  key: T;
  /** 取得命令資料 */
  getValue: (params: P) => number[];
}
```

```
export type FirmataCmdParams = undefined;

/** 查詢所有腳位與功能命令 */
type CmdQueryCapability = CmdDefine<'query-capability'>;

export type FirmataCmd = CmdQueryCapability;

export const cmds: FirmataCmd[] = [
  // query-capability: 查詢所有腳位與功能
  {
    key: 'query-capability',
    getValue() {
      return [0xF0, 0x6B, 0xF7];
    },
  },
]
```

最後調整 port-transceiver 功能：

- 新增 addCmd()，用來加入要發送的命令
- finishReceive() 增加 emit 事件 undefined-response，沒有任何相符的析回應出現時觸發

src\common\port-transceiver.ts

```
...
import { CmdKey, FirmataCmdParams } from './firmata/cmd-define';
import { parseResponse, getCmdValue } from './firmata/firmata-
utils';
...
export enum EventName {
  ...
  /** 收到未定義的回應 */
```

```
  UNDEFINED_RESPONSE = 'undefined-response',
}
...
export interface CmdQueueItem {
  key: `${CmdKey}`;
  params: FirmataCmdParams;
  value: number[];
}
export class PortTransceiver extends EventEmitter2 {
  ...
  /** 命令佇列，用來儲存準備發送的命令 */
  private cmdsQueue: CmdQueueItem[] = [];

 ...
  /** 完成接收，emit 已接收資料 */
  private finishReceive() {
    // 解析回應內容
    const results = parseResponse(this.receiveBuffer);
    if (results.length === 0) {
      this.emit(`${EventName.UNDEFINED_RESPONSE}`, [...this.
receiveBuffer]);
      this.receiveBuffer.length = 0;
      return;
    }
...
  }
  /** 加入發送命令 */
  async addCmd(key: `${CmdKey}`, params?: FirmataCmdParams) {
    const cmdValue = getCmdValue(key, params);
    if (!cmdValue) {
      return Promise.reject(`${key} 命令不存在`);
    }
```

```
    const item: CmdQueueItem = {
      key: key,
      params,
      value: cmdValue,
    }

    this.cmdsQueue.push(item);
    return item;
  }
}
...
export interface PortTransceiver {
  ...
  on(event: `${EventName.UNDEFINED_RESPONSE}`, listener: (res:
number[]) => void, options?: ListenerOption): this | Listener;

  ...
  once(event: `${EventName.UNDEFINED_RESPONSE}`, listener: (res:
number[]) => void, options?: ListenerOption): this | Listener;
}
```

以上我們可以透過 addCmd() 將想要發送的命令加入 port-transceiver 中了，但是目前 addCmd() 只有把命令放到佇列中並沒有真的發送，所以我們還需要實作發送的程式才行。

讓我們請出 Serial API 的 writer 吧！首先新增相關變數。

src\common\port-transceiver.ts

```
export interface Options {
  /** 命令發送最小間距 (ms) */
  writeInterval: number;
  ...
}
```

```
...
export class PortTransceiver extends EventEmitter2 {
  ...
  private writer?: WritableStreamDefaultWriter<Uint8Array>;
  /** writer 計時器，用於持續發送命令 */
  private writeTimer?: ReturnType<typeof setInterval>;
  /** 命令佇列，用來儲存準備發送的命令 */
  private cmdsQueue: CmdQueueItem[] = [];

  /** 設定 */
  private options: Options = {
    writeInterval: 10,
    readEmitDebounce: 10,
  };
}
```

接著實作建立與使用 writer 方法。

```
  ...
/** 取得 Serial.Writer 並開啟發送佇列
   *
   * 參考資料：
   * [W3C](https://wicg.github.io/serial/#writable-attribute)
   */
  private startWriter() {
    this.writeTimer = setInterval(() => {
      const port = this.port;

      if (!port?.writable || this.cmdsQueue.length === 0) {
        return;
      }

      this.writer = port.writable.getWriter();
```

```
      const cmd = this.cmdsQueue.shift();
      if (!cmd) return;

      this.write(cmd?.value);
    }, this.options.writeInterval);
  }
  /** 透過 Serial.Writer 發送資料 */
  private async write(data: number[]) {
    if (!this.writer) {
      return Promise.reject('writer 不存在');
    }

    await this.writer.write(new Uint8Array(data));
    this.writer.releaseLock();
  }
...
```

最後如同 reader 一般，在 start 與 stop 的 method 中，呼叫 writer 相關的功能。

```
...

export class PortTransceiver extends EventEmitter2 {
  ...

  /** 開啟監聽 Port 資料 */
  async start() {
    ...

    this.emit(`${EventName.OPENED}`);
    this.startReader();
    this.startWriter();
```

```
  }
  /** 關閉 Port */
  stop() {
    this.removeAllListeners();

    clearInterval(this.writeTimer);
    this.writer?.releaseLock?.();

    this.reader?.releaseLock?.();
    this.port?.close?.();
  }
  ...
}
...
```

以上我們成功在 port-transceiver 加入發送相關的功能了！最後讓我們試試看實際命令。♪(´▽｀)

回到 App.vue 發送命令並監聽未定義回應事件。

src\App.vue

```
...
// 偵測 transceiver 變化
watch(() => portStore.transceiver, (transceiver) => {
  ...
  // 建立監聽事件
  transceiver.once('ready', ({ version, firmwareName }) => {
    ...

    transceiver.addCmd('query-capability');
  });

  transceiver.on('undefined-response', (data) => {
```

```
    console.warn(`[ transceiver ] undefined-response : `, data);
  });
...
```

接著重新整理網頁後，一樣回到選擇 COM Port 的步驟，應該會在調出初始化成功的訊息後，在 console 跑出如圖 4-17 訊息。

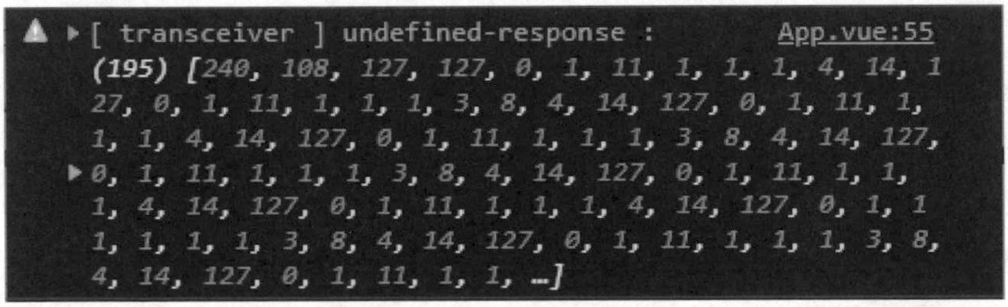
[transceiver] undefined-response :
App.vue:55
(195) [240, 108, 127, 127, 0, 1, 11, 1, 1, 1, 4, 14, 127, 0, 1, 11, 1, 1, 1, 3, 8, 4, 14, 127, 0, 1, 11, 1, 1, 1, 4, 14, 127, 0, 1, 11, 1, 1, 1, 3, 8, 4, 14, 127, 0, 1, 11, 1, 1, 1, 3, 8, 4, 14, 127, 0, 1, 11, 1, 1, 1, 4, 14, 127, 0, 1, 11, 1, 1, 1, 4, 14, 127, 0, 1, 11, 1, 1, 1, 3, 8, 4, 14, 127, 0, 1, 11, 1, 1, 1, 3, 8, 4, 14, 127, 0, 1, 11, 1, 1, …]

▲ 圖 4-17 未定義資料回應

我們成功發送「Capability Query 命令」並取得回應了！

Tips：

如果選擇 COM Port 後跑出「TypeError: Failed to execute 'releaseLock' on 'ReadableStreamDefaultReader': Cannot release a readable stream reader when it still has outstanding read() calls that have not yet settled」這類錯誤，是因為 HMR（hot module replacement）更新網頁，但 store 已經儲存了上次的 SerialPort 之 reader 導致存取衝突，只要重新整理網頁再嘗試即可。

最後我們只要把這段數值定義與解析方式加入 response-define 中，我們就完成取得「取得腳位與功能」的部份了！

把收到的數值轉成 16 進位來看：

```
F0 6C 7F 7F 00 01 0B 01 01 01 04 0E 7F 00 01 0B 01 01 01 03 08 04
0E 7F 00 01 0B 01 01 01 04 0E 7F 00 01 0B 01 01 01 03 08 04 0E 7F
00 01 0B 01 01 01 03 08 04 0E 7F 00 01 0B 01 01 01 04 0E 7F 00 01
0B 01 01 01 04 0E 7F 00 01 0B 01 01 01 03 08 04 0E 7F 00 01 0B 01
01 01 03 08 04 0E 7F 00 01 0B 01 01 01 03 08 04 0E 7F 00 01 0B 01
01 01 04 0E 7F 00 01 0B 01 01 01 04 0E 7F 00 01 0B 01 01 01 02 0A
04 0E 7F 00 01 0B 01 01 01 02 0A 04 0E 7F 00 01 0B 01 01 01 02 0A
04 0E 7F 00 01 0B 01 01 01 02 0A 04 0E 7F 00 01 0B 01 01 01 02 0A
04 0E 06 01 7F 00 01 0B 01 01 01 02 0A 04 0E 06 01 7F F7
```

接著複習一下目前已知的訊息：

- 0xF0 開頭，而 0x6C（CAPABILITY_RESPONSE）之後會接續其腳位內容。
- 以 0x7F 分隔每個腳位內容。
- 每個腳位支援模式以 2 bytes 表示，第一個 byte 表示「腳位模式（Mode）」，第二 byte 表示「模式解析度（Mode Resolution）」或某些特殊功能定義。

將資料依照命令特徵（0xF0 0x6C）與分隔符號（0x7F）換行並加上對應腳位編號，方便分析。

```
     F0 6C
0    7F
1    7F
2    00 01 0B 01 01 01 04 0E 7F
3    00 01 0B 01 01 01 03 08 04 0E 7F
4    00 01 0B 01 01 01 04 0E 7F
5    00 01 0B 01 01 01 03 08 04 0E 7F
6    00 01 0B 01 01 01 03 08 04 0E 7F
7    00 01 0B 01 01 01 04 0E 7F
```

```
 8     00 01 0B 01 01 01 04 0E 7F
 9     00 01 0B 01 01 01 03 08 04 0E 7F
10     00 01 0B 01 01 01 03 08 04 0E 7F
11     00 01 0B 01 01 01 03 08 04 0E 7F
12     00 01 0B 01 01 01 04 0E 7F
13     00 01 0B 01 01 01 04 0E 7F
14     00 01 0B 01 01 01 02 0A 04 0E 7F
15     00 01 0B 01 01 01 02 0A 04 0E 7F
16     00 01 0B 01 01 01 02 0A 04 0E 7F
17     00 01 0B 01 01 01 02 0A 04 0E 7F
18     00 01 0B 01 01 01 02 0A 04 0E 06 01 7F
19     00 01 0B 01 01 01 02 0A 04 0E 06 01 7F
20     7F
```

可以很明確地看出腳位 0、1 不支援使用任何功能，接著再來看腳位功能。

Tips：

因為 0、1 腳位固定作為 UART 通訊使用，所以不開放使用其他功能，否則會無法正常通訊 ('◉ ◞౪◟ ◉')

由說明可知「腳位模式（Mode）」與「模式解析度（Mode Resolution）」兩兩成對出現，所以把剛才的資料去蕪存菁後分類一下。

```
 2     (00 01) (0B 01) (01 01) (04 0E) 7F
 3     (00 01) (0B 01) (01 01) (03 08) (04 0E) 7F
 4     (00 01) (0B 01) (01 01) (04 0E) 7F
 5     (00 01) (0B 01) (01 01) (03 08) (04 0E) 7F
 6     (00 01) (0B 01) (01 01) (03 08) (04 0E) 7F
 7     (00 01) (0B 01) (01 01) (04 0E) 7F
 8     (00 01) (0B 01) (01 01) (04 0E) 7F
 9     (00 01) (0B 01) (01 01) (03 08) (04 0E) 7F
```

```
10     (00 01) (0B 01) (01 01) (03 08) (04 0E) 7F
11     (00 01) (0B 01) (01 01) (03 08) (04 0E) 7F
12     (00 01) (0B 01) (01 01) (04 0E) 7F
13     (00 01) (0B 01) (01 01) (04 0E) 7F
14     (00 01) (0B 01) (01 01) (02 0A) (04 0E) 7F
15     (00 01) (0B 01) (01 01) (02 0A) (04 0E) 7F
16     (00 01) (0B 01) (01 01) (02 0A) (04 0E) 7F
17     (00 01) (0B 01) (01 01) (02 0A) (04 0E) 7F
18     (00 01) (0B 01) (01 01) (02 0A) (04 0E) (06 01) 7F
19     (00 01) (0B 01) (01 01) (02 0A) (04 0E) (06 01) 7F
```

看起來清楚多了，接著再比對模式代號表與解析度說明。

❑ 腳位模式（Mode）

```
DIGITAL_INPUT    (0x00)
DIGITAL_OUTPUT   (0x01)
ANALOG_INPUT     (0x02)
PWM              (0x03)
SERVO            (0x04)
SHIFT            (0x05)
I2C              (0x06)
ONEWIRE          (0x07)
STEPPER          (0x08)
ENCODER          (0x09)
SERIAL           (0x0A)
INPUT_PULLUP     (0x0B)

// Extended modes
SPI              (0x0C)
SONAR            (0x0D)
TONE             (0x0E)
DHT              (0x0F)
```

❑ 模式解析度（Mode Resolution）

```
// resolution is 1 (binary)
DIGITAL_INPUT  (0x00)
// resolution is 1 (binary)
DIGITAL_OUTPUT (0x01)
// analog input resolution in number of bits
ANALOG_INPUT   (0x02)
// pwm resolution in number of bits
PWM            (0x03)
// servo resolution in number of bits
SERVO          (0x04)
// resolution is number number of bits in max number of steps
STEPPER        (0x08)
// resolution is 1 (binary)
INPUT_PULLUP   (0x0B)
```

> **Tips：**
> 「腳位模式（Mode）」與「模式解析度（Mode Resolution）」的細節就讓我們保留到後續再慢慢詳細說明，現在一次說明會讓讀者們資訊超載 ...（ ; ´д` ）

最後我們透過已知的資訊，反證看看判讀有沒有錯誤。

若玩過 Arduino Uno 的讀者應該知道 Uno 比較特別的腳位功能為：

- PWM 腳位：3、5、6、9、10、11
- 類比輸入腳位：A0 ~ A5（14 ~ 19）

如圖 4-18 所示。

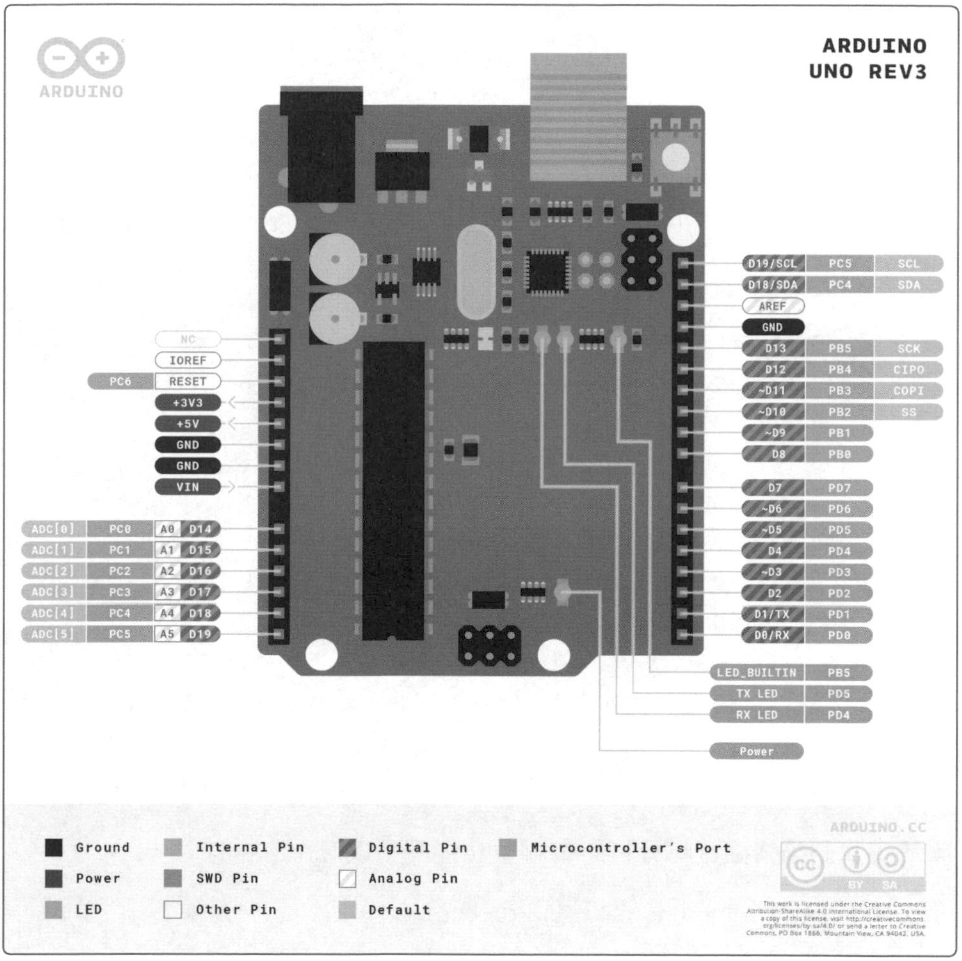

▲ 圖 4-18　Arduino Uno 腳位定義

（圖片來源：https://store.arduino.cc/products/arduino-uno-rev3/）

回過頭來看看，剛剛的資料是不是相符：

- PWM 代號為 03（用 ~ 標示）
- 類比輸入代號為 02（用 * 標示）

```
 2    (00 01) (0B 01) (01 01) (04 0E) 7F
 3    (00 01) (0B 01) (01 01) ~(03 08) (04 0E) 7F
 4    (00 01) (0B 01) (01 01) (04 0E) 7F
 5    (00 01) (0B 01) (01 01) ~(03 08) (04 0E) 7F
 6    (00 01) (0B 01) (01 01) ~(03 08) (04 0E) 7F
 7    (00 01) (0B 01) (01 01) (04 0E) 7F
 8    (00 01) (0B 01) (01 01) (04 0E) 7F
 9    (00 01) (0B 01) (01 01) ~(03 08) (04 0E) 7F
10    (00 01) (0B 01) (01 01) ~(03 08) (04 0E) 7F
11    (00 01) (0B 01) (01 01) ~(03 08) (04 0E) 7F
12    (00 01) (0B 01) (01 01) (04 0E) 7F
13    (00 01) (0B 01) (01 01) (04 0E) 7F
14    (00 01) (0B 01) (01 01) *(02 0A) (04 0E) 7F
15    (00 01) (0B 01) (01 01) *(02 0A) (04 0E) 7F
16    (00 01) (0B 01) (01 01) *(02 0A) (04 0E) 7F
17    (00 01) (0B 01) (01 01) *(02 0A) (04 0E) 7F
18    (00 01) (0B 01) (01 01) *(02 0A) (04 0E) (06 01) 7F
19    (00 01) (0B 01) (01 01) *(02 0A) (04 0E) (06 01) 7F
```

可以看到判讀結果與現有已知的資料一致，太令人感動惹 q(≧▽≦q)

那就讓我們來依據資料分析所有腳位功能吧！以 Pin 2 為例：

```
2    (00 01) (0B 01) (01 01) (04 0E)
```

比對「腳位模式（Mode）」與「模式解析度（Mode Resolution）」後，可以知道 Pin 2 支援的功能有：

- 數位輸入（DIGITAL_INPUT 0x00），解析度 1 bit（0x01）
- 上拉輸入（INPUT_PULLUP 0x0B），解析度 1 bit（0x01）
- 數位輸出（DIGITAL_OUTPUT 0x01），解析度 1 bit（0x01）
- 伺服控制（SERVO 0x04），解析度 14 bit（0x0E）

其他腳位以此類推，現在我們成功讀懂腳位功能回應資料了，接下來就是在 response-define 增加回應定義，並將剛才的分析過程轉換成 getData() 的解析程式。

由於需要將矩陣進行分割（依照分隔符號分組），所以先在 utils 新增 arraySplit()，可以根據指定元素分割矩陣。（邏輯同 String.split()）

src\common\utils.ts

```
...
/** 根據指定元素分割矩陣，separator 不會包含在矩陣中 */
export function arraySplit<T>(array: T[], separator: T) {
  const indexes = indexOfAll(array, separator);

  if (indexes.length === 0) {
    return [array];
  }

  const initArray: T[][] = [];

  const part = array.slice(0, indexes[0]);
  initArray.push(part);

  const result = indexes.reduce((acc, pos, index) => {
    const start = pos;
    const end = indexes?.[index + 1];

    let part: T[];

    // end 不存在表示為最後一個
    if (end === undefined) {
      part = array.slice(start + 1);
    } else {
```

```
      part = array.slice(start + 1, end);
    }
    acc.push(part);
    return acc;
  }, initArray);

  return result;
}
/** 取得指定元素在矩陣內所有 index */
export function indexOfAll<T>(array: T[], target: T) {
  return array.reduce<number[]>((acc, el, i) => (el === target ?
[...acc, i] : acc), []);
}
```

接著定義回應，首先定義資料型別，ResponseKey 新增 'capability' 內容

```
...
/** 回應 Key 種類 */
export enum ResponseKey {
  FIRMWARE_NAME = 'firmware-name',
  CAPABILITY = 'capability',
}
```

新增腳位與腳位功能定義。

```
/** Firmata 腳位資料 */
export interface FirmataPins {
  /** 版本號 */
  pins: Pin[];
}
/** 腳位 */
export interface Pin {
  /** 腳位編號 */
  number: number;
```

```
  /** 腳位能力 */
  capabilities: Capability[];
}
/** 功能 */
export interface Capability {
  /** 支援模式 */
  mode: number;
  /** 解析度 */
  resolution: number;
}
```

透過定義回應資料並透過聯合型別（Union Types）擴充 FirmataData 與 FirmataResponse 內容。

```
export type FirmataData = FirmataInfo | FirmataPins;
/** 回應腳位與功能 */
type ResponseCapability = ResponseDefine<'capability', 'info',
FirmataPins>;
```

Tips：

TypeScript 聯合型別（Union Types）

https://willh.gitbook.io/typescript-tutorial/basics/union-types

最後在 responses 中加入 capability 實際內容。

```
export const responses: FirmataResponse[] = [
  // firmware-name: 韌體名稱與版本
  ...
  // capabilitie: 腳位與功能
  {
    key: 'capability',
```

```
    eventName: 'info',
    match(res) {
      const featureBytes = [0xF0, 0x6C];
      return matchFeature(res, featureBytes);
    },
    getData(res) {},
  },
]
```

全部程式碼合併之後如下。

src\common\firmata\response-define.ts

```
/** Firmata 腳位資料 */
export interface FirmataPins {...
}
/** 腳位 */
export interface Pin {...
}
/** 功能 */
export interface Capability {...
}

export type FirmataData = FirmataInfo | FirmataPins;
...
/** 回應腳位與功能 */
type ResponseCapability = ResponseDefine<'capability', 'info',
FirmataPins>;

export type FirmataResponse = ResponseFirmwareName |
ResponseCapability;

/** 回應定義清單 */
export const responses: FirmataResponse[] = [
```

```
  ...
  // capabilitie: 腳位與功能
  {
    key: 'capability',
    eventName: 'info',
    match(res) {
      const featureBytes = [0xF0, 0x6C];
      return matchFeature(res, featureBytes);
    },

    getData(res) { },
  },
]
```

只要完成 getData() 的部份，就成功完成取得腳位功能的部分了，讓我們依照前面分析的結果設計程式吧！

- 0xF0 開頭，而 0x6C（CAPABILITY_RESPONSE）之後會接續其腳位內容。
- 以 0x7F 分隔每個腳位內容。
- 每個腳位支援模式以 2 bytes 表示，第一個 byte 表示「腳位模式（Mode），第二 byte 表示「模式解析度（Mode Resolution）」或某些特殊功能定義。

```
    getData(res) {
      // 去除起始值、命令代號、結束值
      const values = res.filter((byte) =>
        ![0xF0, 0x6C, 0xF7].includes(byte)
      );

      // 根據分隔符號 0x7F 分割
      const pinParts = arraySplit(values, 0x7F);

```

```
    // 依序解析所有 pin
    const pins: Pin[] = pinParts.map((pinPart, index) => {
      // 每 2 個數值一組
      const modeParts = chunk(pinPart, 2);

      // 第一個數值為模式，第二個數值為解析度
      const capabilities: Capability[] = modeParts.
map((modePart) => {
        const [mode, resolution] = modePart;
        return {
          mode, resolution
        }
      });

      return {
        number: index,
        capabilities,
      }
    });

    return pins;
  },
```

現在腳位功能回應不會變成 undefined-response 了，所以要調整一下 port-transceiver 事件定義。

- ready 事件改為獨立存在。
- info 事件回傳資料加入聯合型別。

src\common\port-transceiver.ts

```
...
import { FirmataInfo, EventName as ResponseEventName, FirmataPins
} from './firmata/response-define';
```

```
...
export interface PortTransceiver {
  ...
  on(event: `${EventName.READY}`, listener: (data: FirmataInfo)
=> void, options?: ListenerOption): this | Listener;
  ...
  on(event: `${ResponseEventName.INFO}`, listener: (data:
FirmataInfo | FirmataPins) => void, options?: ListenerOption):
this | Listener;

  ...
  once(event: `${EventName.READY}`, listener: (data: FirmataInfo)
=> void, options?: ListenerOption): this | Listener;
  ...
  once(event: `${ResponseEventName.INFO}`, listener: (data:
FirmataInfo | FirmataPins) => void, options?: ListenerOption):
this | Listener;
}
```

接著和版本資訊一樣，我們要將腳位功能資料儲存至 Pinia 中，讓我們回到 board.store 調整一下，新增儲存腳位功能的方法。

src\stores\board.store.ts

```
...
import { FirmataInfo, Pin } from '../common/firmata/response-
define';

interface State {
  version?: string;
  firmwareName?: string;
  pins: Pin[];
}
export const useBoardStore = defineStore('board', {
```

```
  state: (): State => ({
    ...
    pins: [],
  }),
  actions: {
    ...
    setPins(pins: Pin[]) {
      this.$patch({
        pins
      });
    }
  }
})
```

最後回到 App.vue 調整一下監聽事件。

- 新增 info 事件並儲存資料。
- 刪除原先 ready 事件內的 boardStore.setInfo()。

src\App.vue

```
// 偵測 transceiver 變化
watch(() => portStore.transceiver, (transceiver) => {
  ...
  // 建立監聽事件
  transceiver.once('ready', ({ version, firmwareName }) => {
    dismiss();
    ...
  });
  transceiver.on('info', (data) => {
    console.log(`[ transceiver ] info : `, data);

    if ('version' in data) {
      boardStore.setInfo(data);
```

```
      return;
    }

    if ('pins' in data) {
      boardStore.setPins(data.pins);
      return;
    }
  });
  ...
});
```

最後老樣子重新整理網頁，選擇 COM Port 之後，在 Vue DevTool 看看資料有沒有儲存成功。

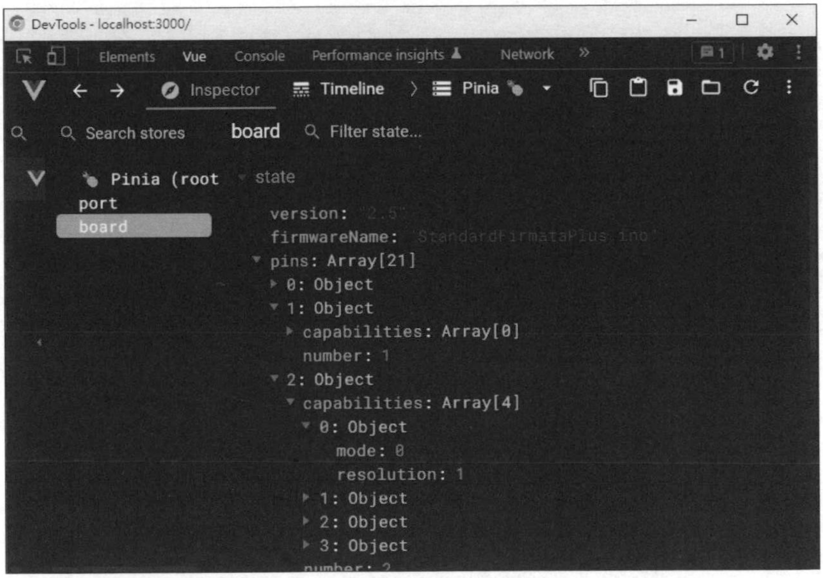

▲ 圖 4-19　檢查腳位清單與功能資料

成功取得腳位清單與功能！ \(@^0^@)/，接下來讓我們一鼓作氣完成取得「類比腳位映射表」功能吧！

4.5.2 取得類比腳位映射表

前面已經順利完成發送功能，所以我們現在只要專注於如何看懂與解析「類比腳位映射表」即可。

打開 Firmata Protocol，在「Analog Mapping Query」章節可以找到相關說明。

查詢命令為：

```
0 START_SYSEX          (0xF0)
1 analog mapping query (0x69)
2 END_SYSEX            (0xF7)
```

回應資料為：

```
0 START_SYSEX (0xF0)
1 analog mapping response (0x6A)
2 analog channel corresponding to pin 0, or 127 if pin 0 does not
support analog
3 analog channel corresponding to pin 1, or 127 if pin 1 does not
support analog
4 analog channel corresponding to pin 2, or 127 if pin 2 does not
support analog
... etc, one byte for each pin
N END_SYSEX (0xF7)
```

從以上說明可以得知：

- 查詢命令為 `[ 0xF0, 0x69, 0xF7 ]`
- 0x6A 之後會接續映射資料。
- 從 pin 0 開始依序排列，127 表示此 pin 不支援類比功能，其他數值則表示映射編號。

首先一樣先新增命令。

```
/** 命令 Key 種類 */
export enum CmdKey {
  QUERY_CAPABILITY = 'query-capability',
  QUERY_ANALOG_MAPPING = 'query-analog-mapping',
}
...
/** 查詢類比腳位映射命令 */
type CmdQueryAnalogMapping = CmdDefine<'query-analog-mapping'>;

export type FirmataCmd = CmdQueryCapability |
CmdQueryAnalogMapping;

export const cmds: FirmataCmd[] = [
  ...
  // query-analog-mapping: 查詢類比腳位映射
  {
    key: 'query-analog-mapping',
    getValue() {
      return [0xF0, 0x69, 0xF7];
    },
  },
]
```

接著在 App.vue 中，在 query-capability 命令後接著發送 query-analog-mapping 命令吧。

讓 addCmd('query-capability') 與上一個 addCmd('query-analog-mapping') 命令之前延遲一小段時間，讓回應兩個命令的回應不要連在一起。

先新增 delay() function 用來延遲一段時間。

src\common\utils.ts

```
...
/** 延遲指定毫秒 */
export function delay(millisecond: number) {
  return new Promise<void>((resolve) => {
    setTimeout(() => {
      resolve();
    }, millisecond);
  });
}
```

最後回到 App.vue 發送命令。

src\App.vue

```
// 偵測 transceiver 變化
watch(() => portStore.transceiver, (transceiver) => {
  ...
  // 建立監聽事件
  transceiver.once('ready', async ({ version, firmwareName }) =>
{
    ...
    transceiver.addCmd('query-capability');
    await delay(100);
    transceiver.addCmd('query-analog-mapping');
  });
  ...
});
```

Tips：

記得要在‘ready’之後加上 async，才能使用 await 喔。

現在選擇 COM Port 後應該會在 DevTool 的 Console 看到跑出一個未定義的回應，這個就是「類比映射表」資料了！

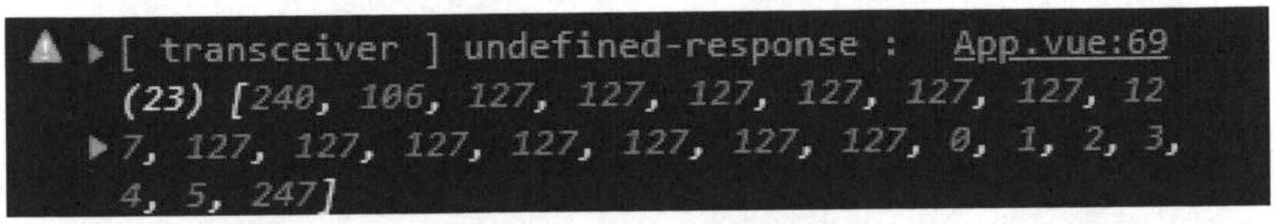
[transceiver] undefined-response :
App.vue:69
(23) [240, 106, 127, 127, 127, 127, 127, 127, 127, 127, 127, 127, 127, 127, 127, 127, 0, 1, 2, 3, 4, 5, 247]

▲ 圖 4-20　未定義回應

讓我們來分析一下這串數值吧 (｡･∀･)ノ，首先將內容轉為 16 進位。

```
F0 6A 7F 7F 7F 7F 7F 7F 7F 7F 7F 7F 7F 7F 7F 7F 00 01 02 03 04 05
F7
```

依照文檔說明換行並加上對應腳位編號。

```
      F0 6A
 0    7F
 1    7F
 2    7F
 3    7F
 4    7F
 5    7F
 6    7F
 7    7F
 8    7F
 9    7F
10    7F
11    7F
12    7F
13    7F
14    00
15    01
16    02
```

```
17      03
18      04
19      05
        F7
```

可以很清楚得知映射關係為：

- pin 14 → 0
- pin 15 → 1
- pin 16 → 2

最後讓我們依據以上資訊撰寫解析回應資料的程式，先定義回應資料型別。

```
/** Firmata 類比腳位映射表 */
export interface FirmataAnalogPinMap {
  /** 版本號 */
  analogPinMap: AnalogPinMap;
}
...
/** 類比腳位映射表 */
export interface AnalogPinMap {
  /** 原腳位編號對應映射後的編號 */
  [pinNumber: string]: number;
}

export type FirmataData = FirmataInfo | FirmataPins |
FirmataAnalogPinMap;
...
type ResponseAnalogMapping = ResponseDefine<'analog-mapping',
'info', FirmataAnalogPinMap>;
...
export type FirmataResponse = ResponseFirmwareName |
ResponseCapability | ResponseAnalogMapping;
```

接著完成回應定義內容。

```
// analog-mapping: 類比腳位映射表
{
  key: 'analog-mapping',
  eventName: 'info',
  match(res) {
    const featureBytes = [0xF0, 0x6A];
    return matchFeature(res, featureBytes);
  },
  getData(values) {
    // 找到 6A 之 Index，從這裡開始往後找
    const index = values.findIndex((byte) => byte === 0x6A);

    const bytes = values.slice(index + 1, -1);

    const analogPinMap = bytes.reduce<AnalogPinMap>((map, byte,
index) => {
      // 127 (0x7F) 表示不支援類比功能
      if (byte !== 127) {
        map[`${index}`] = byte;
      }

      return map;
    }, {});
    return { analogPinMap };
  },
},
```

並調整一下 port-transceiver 事件定義，info 事件回應的參數加入 FirmataAnalogPinMap。

```
src\common\port-transceiver.ts
import { FirmataInfo, EventName as ResponseEventName,
FirmataPins, FirmataAnalogPinMap } from './firmata/response-
define';
...
export interface PortTransceiver {
  ...
  on(event: `${ResponseEventName.INFO}`, listener: (data:
FirmataInfo | FirmataPins | FirmataAnalogPinMap) => void,
options?: ListenerOption): this | Listener;
  ...
  once(event: `${ResponseEventName.INFO}`, listener: (data:
FirmataInfo | FirmataPins | FirmataAnalogPinMap) => void,
options?: ListenerOption): this | Listener;
}
```

最後就是老樣子，將資料儲存至 Pinia 吧！ board.store 新增 AnalogPinMap 相關參數與功能。

```
...
import { AnalogPinMap, FirmataInfo, Pin } from '../common/
firmata/response-define';
interface State {
  ...
  analogPinMap?: AnalogPinMap;
}
export const useBoardStore = defineStore('board', {
  state: (): State => ({
    ...
    analogPinMap: undefined,
  }),
  actions: {
```

```
    ...
    setAnalogPinMap(analogPinMap: AnalogPinMap) {
      this.$patch({
        analogPinMap
      });
    },
  }
})
```

在 App.vue 加入儲存的部分。

src\App.vue

```
// 偵測 transceiver 變化
watch(() => portStore.transceiver, (transceiver) => {
  ...
  transceiver.on('info', (data) => {
    ...
    if ('analogPinMap' in data) {
      boardStore.setAnalogPinMap(data.analogPinMap);
      return;
    }
  });
  ...
});
```

最終嘗試看看選擇完 COM Port 後，Pinia 中有沒有成功儲存資料。

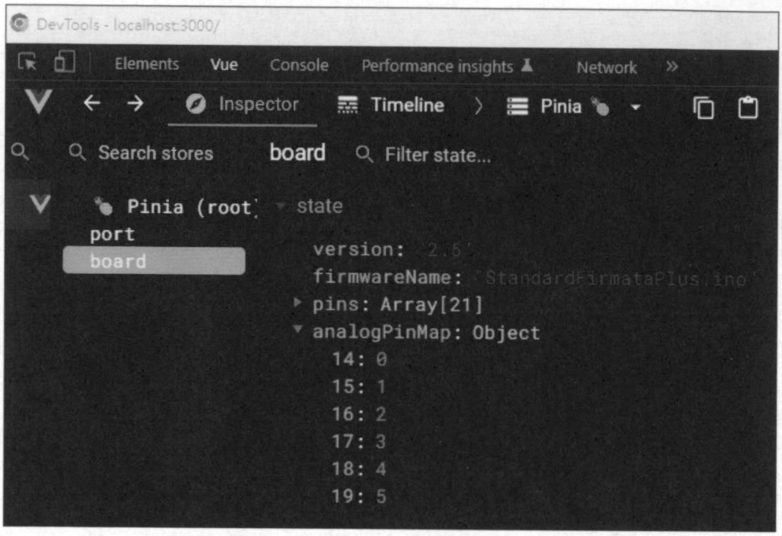

▲ 圖 4-21　AnalogPinMap 資料

成功取得腳位映射資料 ✧*。٩(ˊᗜˋ*)و✧*。，接下來讓我們準備打開第一扇窗吧！

Tips：

以上程式碼已同步至 GitLab 中，可以開啟以下連結查看：

https://gitlab.com/drmaster/mcu-windows/-/tree/feature/get-firmata-capability-and-analog-mapping

CHAPTER

05

打開第一扇窗

現在有資料，只差介面了。✧(•̀ω•́)

5.1 建立 base-window 元件

雖然每個視窗功能都不同，但是視窗外框功能都一樣，所以我們建立 base-window 元件透過 slot 保留彈性，其他特定功能的卡片只要引入 base-window 並透過 slot 就可以加入不同的功能。

外觀預期長這樣：

▲ 圖 5-1　base-window 示意圖

base-window.vue 功能需求如下：

- title bar
  - 拖動可以自由移動視窗位置。
  - 左側 ICON 可自訂。
  - 中間文字可自訂。
  - 右側關閉按鈕可關閉視窗。
- 視窗內容可以任意抽換。

使用 slot 實現。

❑ 建立 base-window 檔案

src\components\base-window.vue

```
<template>
</template>

<script setup lang="ts">
import { ref } from 'vue';

interface Props {
  label?: string;
}
const props = withDefaults(defineProps<Props>(), {
  label: '',
});

const emit = defineEmits<{
  (e: 'update:modelValue', value: string): void;
}>();
</script>
```

接著定義一下視窗 Props。

```
<script setup lang="ts">
...

interface Props {
  /** 視窗起始位置 */
  initPosition?: {
    x: number;
    y: number;
  };

  /** slot 容器 class */
```

```
  bodyClass?: string;
  /** title bar 文字內容 */
  title?: string;
  /** title bar icon 名稱 */
  headerIcon?: string;
  /** title bar icon 顏色 */
  headerIconColor?: string;
}
const props = withDefaults(defineProps<Props>(), {
  initPosition: () => ({ x: 0, y: 0 }),
  bodyClass: '',
  title: '',
  headerIcon: 'dashboard',
  headerIconColor: 'blue-grey-4'
});

...
</script>
```

接著新增 template 內容。

實作說明如下：

- title bar 的部分這裡使用 q-bar 實現
- q-icon 呈現左側 icon
- q-btn 呈現關閉按鈕
- slot 預留新增內容彈性

```
<template>
  <div
    class="base-window"
    @touchstart.stop
    @contextmenu.stop
```

```
  >
    <q-bar class="header-bar">
      <q-icon
        :name="props.headerIcon"
        :color="props.headerIconColor"
      />
      <q-space />
      <div class="title text-shadow">
        {{ title }}
      </div>
      <q-space />
      <q-btn
        icon="close"
        dense
        flat
        rounded
        color="grey-5"
      />
    </q-bar>
    <div
      class="body"
      :class="props.bodyClass"
    >
      <slot />
    </div>
  </div>
</template>
```

接著加入 CSS，產生基本樣式。

```
<style scoped lang="sass">
.base-window
  position: fixed
```

```
  min-width: 200px
  min-height: 100px
  overflow: hidden
  box-shadow: 0px 0px 10px rgba(#000, 0.1)
  background: rgba(white, 0.8)
  backdrop-filter: blur(4px)

  .header-bar
    height: auto
    padding: 20px
    padding-bottom: 14px
    cursor: move
    background: none
    color: $grey-8
    .title
      font-size: 14px
      user-select: none
      margin: 0px
      position: relative
      font-weight: 900
      transition-duration: 0.4s
      letter-spacing: 1px

  .body
    position: relative
</style>
```

最後回到 app.vue，直接將 base-window 加入 template 看看效果。

src\App.vue

```
<template>
  ...
  <base-window title="第一個視窗" />
```

```
</template>

<script setup lang="ts">
..
import BaseWindow from './components/base-window.vue';
</script>
```

現在應該會看到畫面最左上角跑出一個視窗了！(/ ≧▽≦)/

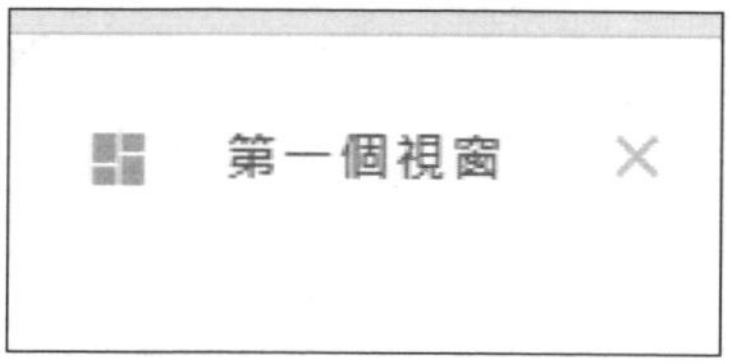

▲ 圖 5-2　第一個視窗

有用過視窗作業系統的讀者應該都知道，視窗的 title bar 都有一個經典功能，就是可以拉著 title bar 拖動視窗（應該不會有人真的不知道吧...(⊙＿⊙)），現在就讓我們重現這個功能吧！多虧強大的 Quasar 這裡我們只要一行指令，就可以輕鬆實現拖動偵測與其位移量，那就是 v-touch-pan 指令！

Tips：

Quasar Touch Pan Directive：

https://quasar.dev/vue-directives/touch-pan

只要在欲偵測拖動的 DOM 上加上 v-touch-pan 指令，只要事件觸發，Quasar 就會呼叫自己指定 function，所以我們在 q-bar 上加上指令並新增處理拖拉的 function。

src\components\base-window.vue

```
<template>
  <div
    ...
  >
    <q-bar
      class="header-bar"
      v-touch-pan.prevent.mouse="handleMove"
    >
      ...
    </q-bar>
   ...
  </div>
</template>

<script setup lang="ts">
...

/** Directive 的 callback function 沒有型別提示，所以自行建立 */
interface TouchPanData {
  touch: boolean;
  mouse: boolean;
  position: {
    top: number;
    left: number;
  };
  direction: 'up' | 'right' | 'down' | 'left';
  isFirst: boolean;
  isFinal: boolean;
  duration: number;
  distance: {
    x: number;
```

```
    y: number;
  };
  offset: {
    x: number;
    y: number;
  };
  delta: {
    x: number;
    y: number;
  };
}

function handleMove(data: TouchPanData) {
  console.log(`[ handleMove ] data : `, data);
}
</script>
```

現在讓我們實際拖拉 title bar 試試看，應該會在 DevTool 中看到如下訊息。

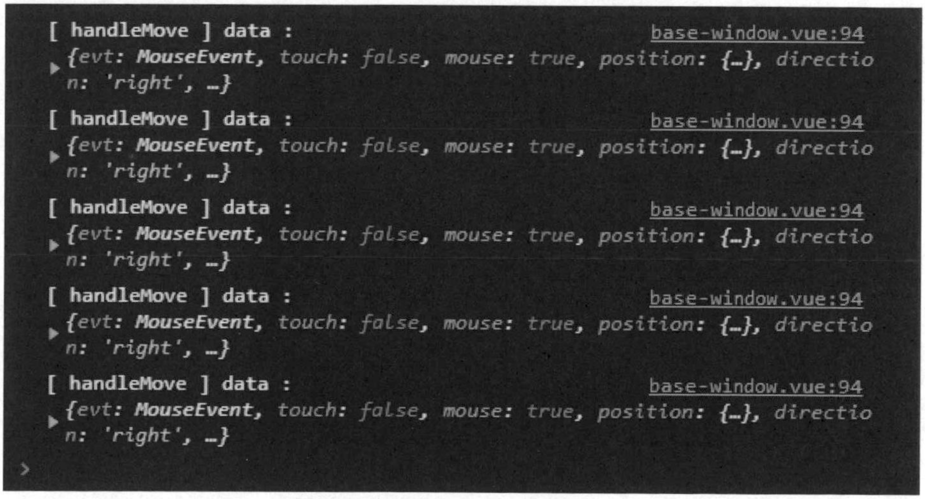

▲ 圖 5-3 handleMove 觸發訊息

接著實作拖動效果，讓我們新增一個變數，用來儲存偏移量。

```
// 偏移量初始值設為參數初始位置。
const offset = reactive({
  x: props.initPosition.x,
  y: props.initPosition.y,
});
```

調整一下 handleMove() 內容，持續儲存拖動變化量。

```
function handleMove({ delta }: TouchPanData) {
  offset.x += delta.x;
  offset.y += delta.y;
}
```

最後將偏移量轉換成 CSS Style，綁定到 window 上。

```
<template>
  <div
    class="base-window rounded-2xl"
    :style="windowStyle"
    @touchstart.stop
    @contextmenu.stop
  >
    ...
  </div>
</template>
<script setup lang="ts">
...
const windowStyle = computed(() => ({
  top: `${offset.y}px`,
  left: `${offset.x}px`,
}));
...
</script>
```

現在大家應該可以把視窗拖著跑了，不過細心的讀者可能會發現一個問題，就是視窗可能會不小心拖出畫面之外，所以讓我們加個限制吧。

只要取得視窗元素與畫面的尺寸，並將偏移量限制在範圍內即可。

這裡我們透過 Vue Use 實作，首先使用 useWindowSize 取得畫面尺寸。

```
import { useWindowSize, useElementSize } from '@vueuse/core';
...
const { width: windowW, height: windowH } = useWindowSize();
```

接著使用 useElementSize 取得視窗元素的尺寸。

```
<template>
  <div
    ref="windowEl"
    ...
  >
    ...
  </div>
</template>

<script setup lang="ts">
...
const { width: windowW, height: windowH } = useWindowSize();

const windowEl = ref();
const { width: elW, height: elH } = useElementSize(windowEl);
...
</script>
```

最後調整一下 handleMove() 內容即可。

```
function handleMove({ delta }: TouchPanData) {
  offset.x += delta.x;
```

```
  offset.y += delta.y;

  offset.x = Math.max(offset.x, 0);
  offset.y = Math.max(offset.y, 0);

  offset.x = Math.min(offset.x, windowW.value - elW.value);
  offset.y = Math.min(offset.y, windowH.value - elH.value);
}
```

現在視窗終於乖乖待在畫面內了！

5.2 建立範例視窗

現在讓我們實際建立真正的視窗。

由於視窗資料要能夠再任意地方都能存取，所以我們要透過 Pinia 儲存視窗資料，新增 window.store 檔案。

src\stores\window.store.ts

```
import { defineStore } from 'pinia';
interface Window {
}
interface State {
  map: Map<string, Window>;
}

export const useWindowStore = defineStore('window', {
  state: (): State => ({
    map: new Map()
  })
})
```

因為每個視窗都有獨立且明確的 ID，所以我們可以使用 Map 物件儲存視窗，如此便可更簡單的新增、刪除視窗資料。

現在讓我們思考一下 Window 資料格式：

- 視窗元件：表示此視窗具體是何種視窗
- 視窗 ID：每個視窗的唯一 ID，用來識別視窗
- 聚焦時間：用來判斷視窗重疊關係

依據以上資訊完成 Window 型別定義。

src\stores\window.store.ts

```
import { defineComponent } from 'vue';

interface Window {
  /** 視窗元件：表示此視窗具體是何種視窗 */
  component: ReturnType<typeof defineComponent>;
  /** 視窗 ID：每個視窗的唯一 ID，用來識別視窗 */
  id: string;
  /** 聚焦時間：用來判斷視窗重疊關係 */
  focusAt: number;
}
```

接下來讓我們實現「新增、刪除視窗」的功能吧！預期使用 nanoid 產生視窗 ID，所以記得先運行 `npm i nanoid`，安裝一下套件。

安裝完成後來實作功能。

src\stores\window.store.ts

```
/** 列舉並儲存視窗元件 */
const windowComponentMap = {}
/** 可用視窗名稱 */
export type WindowName = keyof typeof windowComponentMap;
```

```
...
export const useWindowStore = defineStore('window', {
  state: (): State => ({
    map: new Map()
  }),
  actions: {
    /** 新增視窗
     * @param name 元件名稱
     */
    add(name: WindowName) {
      /** 使用 nanoid 生成 ID */
      const id = nanoid();

      this.map.set(id, {
        component: windowComponentMap[name],
        id,
        focusAt: Date.now(),
      });
    },

    /** 刪除視窗 */
    remove(id: string) {
      this.map.delete(id);
    },
  },
})
```

Tips：

Nanoid 如何簡單、快速的產生幾乎不會發生碰撞的唯一 ID，有興趣的讀者可以參考以下連結：

https://www.npmjs.com/package/nanoid

store 準備好了，現在來建立範例視窗！ ╰(*°▽°*)╯

src\components\window-example.vue

```
<template>
  <base-window
    :init-position='props.initPosition'
    title='範例視窗'
  >
  </base-window>
</template>

<script setup lang="ts">
import { getCurrentInstance } from 'vue';
import BaseWindow from './base-window.vue';

interface Props {
  /** 視窗起始位置 */
  initPosition?: {
    x: number;
    y: number;
  };
  id?: string;
}
const props = withDefaults(defineProps<Props>(), {
  initPosition: () => ({ x: 0, y: 0 }),
  id: undefined,
});

const id = props.id ?? getCurrentInstance()?.vnode.key;
</script>
```

基本上參數和 base-window 相似，但是簡化許多。

讀者應該會注意到「getCurrentInstance() 是甚麼東西？ vnode.key 又是甚麼？」

這是因為 v-for 這個指令會建議將 for 出來的元素加上 key，透過 getCurrentInstance().vnode.key 這個方法就可以把父元件給予目前元件的 key 取出來，作為未來新增、修改或刪除視窗時，方便使用。

Tips：

v-for 為何建議加入 key，可以參考以下連結：

https://cn.vuejs.org/guide/essentials/list.html#maintaining-state-with-key

現在把 window-example 引入 window.store 中。

src\stores\window.store.ts

```
...
import { defineComponent, markRaw } from 'vue';

import WindowExample from '../components/window-example.vue';

/** 列舉並儲存視窗元件 */
const windowComponentMap = {
  'window-example': markRaw(WindowExample),
}
...
```

現在回到 app.vue，先把原本 base-window 的內容刪除，加入以下內容。

- 引入 window.store
- 使用 v-for 產生視窗，讓每個視窗偏移一點。
- 加入右鍵選單。

src\App.vue

```
<template>
  <div class="absolute bottom-2 right-3 text-right text-gray-400
tracking-widest font-orbitron">
    {{ boardInfo }}
  </div>

  <!-- 所有視窗 -->
  <div class="absolute inset-0">
    <component
      :is="window.component"
      v-for="[key, window], i in windowStore.map"
      :key="key"
      :init-position="{ x: (i + 1) * 30, y: (i + 1) * 30 }"
    />
  </div>

  <!-- 右鍵選單-->
  <q-menu
    context-menu
    class="rounded-2xl"
  >
    <q-list class="w-64">
      <q-item
        v-close-popup
        clickable
        @click="windowStore.add('window-example')"
      >
        <q-item-section>新增「範例視窗」</q-item-section>
      </q-item>
    </q-list>
  </q-menu>
```

```
</template>

<script setup lang="ts">
...
import { useWindowStore } from './stores/window.store';
...
const windowStore = useWindowStore();
...
```

現在我們可以在首頁上點擊右鍵產生視窗了！

▲ 圖 5-4　透過右鍵選單產生視窗

5.3 自動調整堆疊順序

可以發現就算點擊視窗，也不會改變視窗堆疊的順序，這樣沒辦法看到最先產生的視窗內容，來著手加入調整重疊順序功能吧！

首先在 base-window 的 Prop 新增新增 id 參數。

src\components\base-window.vue

```
...
interface Props {
  ...
  /** title bar icon 顏色 */
  headerIconColor?: string;
  /** 視窗唯一 ID */
  id: string;
}
...
```

接著在 window-example 中將 id 傳入 base-window。

src\components\window-example.vue

```
<template>
  <base-window
    :init-position='props.initPosition'
    :id="id"
    title='範例視窗'
  >
  </base-window>
</template>
...
```

接著在 window.store 中實做 focus 功能。

- 新增 focusedId 儲存視窗 ID
- 新增 setFocus()

src\stores\window.store.ts

```
interface State {
  map: Map<string, Window>;
  focusedId?: string;
```

```
}
export const useWindowStore = defineStore('window', {
  state: (): State => ({
    map: new Map(),
    focusedId: undefined,
  }),
  actions: {
    ...
    /** focus 指定視窗 */
    async setFocus(id: string) {
      this.focusedId = id;

      const target = this.map.get(id);
      if (!target) {
        return Promise.reject(`視窗不存在`);
      }

      target.focusAt = Date.now();
    }
  },
})
```

然後在 base-window 中呼叫 window.store 的 setFocus()。

src\components\base-window.vue

```
<template>
  <div
    ref="windowEl"
    ...
    @click="handleClick"
  >
    ...
  </div>
```

```
</template>
<script setup lang="ts">
...
import { useWindowStore } from '../stores/window.store';
...
const windowStore = useWindowStore();
function focus() {
  windowStore.setFocus(props.id);
}

function handleClick() {
  focus();
}

function handleMove({ isFirst, delta }: TouchPanData) {
  // 直接拖動視窗也要 focus
  if (isFirst) focus();
...
}
</script>
```

透過 Vue DevTool 看看 focusedId 是不是真的有儲存成功。

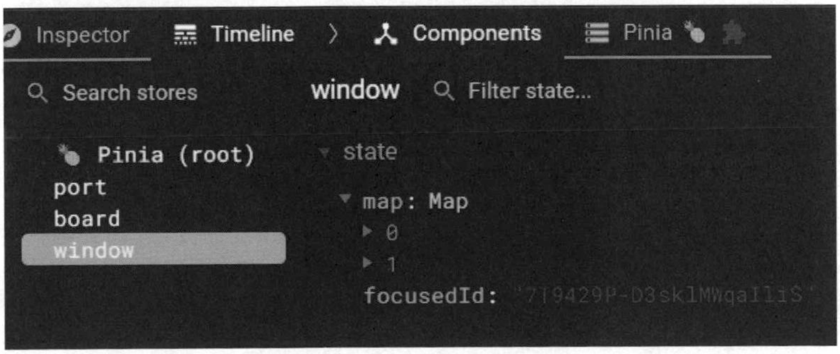

▲ 圖 5-5　focusedId 儲存成功

接下來就是最關鍵的一步，以 focusAt 為依據，計算每個視窗的 z-index 達成自動調整重疊效果。

src\stores\window.store.ts

```
...
export const useWindowStore = defineStore('window', {
  state: (): State => ({
    ...
  }),
  actions: {
    ...
  },
  getters: {
    /** 視窗 ID 對應 z-index */
    zIndexMap(state) {
      const windows = [...state.map].map(([key, value]) => value);

      windows.sort((a, b) => a.focusAt > b.focusAt ? 1 : -1);

      return windows.reduce((map, window, index) =>
        map.set(window.id, index),
        new Map<string, number>()
      );
    }
  }
})
```

最後在 base-window 中取得 zIndexMap，調整一下原先的 windowStyle。

src\components\base-window.vue

```
const windowStore = useWindowStore();

const windowStyle = computed(() => {
```

```
  const zIndex = windowStore.zIndexMap.get(props.id);

  return {
    zIndex,
    top: `${offset.y}px`,
    left: `${offset.x}px`,
  }
});
```

加一點視窗 focus 動畫樣式，讓效果看起來酷一點。(´,,•ω•,,)

```
<template>
  <div
    ref="windowEl"
    class="base-window rounded-2xl"
    :class="windowClass"
    :style="windowStyle"
    ...
  >
    ...
  </div>
</template>

<script setup lang="ts">
...
const windowStore = useWindowStore();

const isFocus = computed(() => windowStore.focusedId === props.id);
const isMoving = ref(false);

const windowStyle = computed(() => {
  const zIndex = windowStore.zIndexMap.get(props.id);
```

```
  return {
    zIndex,
    top: `${offset.y}px`,
    left: `${offset.x}px`,
  }
});
const windowClass = computed(() => {
  return {
    focused: isFocus.value,
    moving: isMoving.value,
  }
});
...
function handleMove({ isFirst, isFinal, delta }: TouchPanData) {
  // 直接拖動視窗也要 focus
  if (isFirst) focus();

  isMoving.value = !isFinal;

  ...
}
</script>

<style scoped lang="sass">
.base-window
  ...
  backdrop-filter: blur(4px)
  transition-duration: 0.4s
  &.focused
    background: rgba(white, 0.98)
    transform: translateY(-2px)
    box-shadow: 0px 10px 14px rgba(#000, 0.2)
  &.moving
```

```
    transition: top 0s, left 0s, transform 0.5s, box-shadow 0.5s
  ...
</style>
```

現在視窗不只可以正常堆疊，還有頗具質感的動畫了！ ♪(^∇^*)

▲ 圖 5-6　視窗自動堆疊

5.4 關閉視窗

最後就是經典的關閉視窗功能了，這個部分就相對簡單很多。

只要在 base-window 中觸發 window.store 的 remove() 功能即可。

src\components\base-window.vue

```
<template>
  <div ... >
    <q-bar ... >
      ...
      <q-btn
        icon="close"
        ...
        @click="handleClose"
```

```
      />
    </q-bar>
    ...
  </div>
</template>

<script setup lang="ts">
...
function handleClose() {
  windowStore.remove(props.id);
}
</script>
...
```

瞬間完成！ ✧(•̀ω•́)

好像太快了 ..(・ω・)，那就來幫視窗出現與消失加上動畫吧！

新增集中動畫樣式的 sass 檔案。

src\style\animate.sass

```
.opacity-enter-active, .opacity-leave-active
  transition-duration: 0.4s
.opacity-enter-from, .opacity-leave-to
  opacity: 0 !important

.fade-up-enter-active, .fade-up-leave-active
  transition-duration: 0.4s
.fade-up-enter-from, .fade-up-leave-to
  transform: translateY(10px) !important
  opacity: 0 !important
```

並在 main 中引入 animation.sass

src\main.ts

```
...
import './style/animate.sass
createApp(App)
...
```

最後只要在 app.vue 中把原本裝 window 的 div 換成 transition-group 就完工了！

src\App.vue

```
<template>
  ...
  <!-- 所有視窗 -->
  <transition-group
    name="fade-up"
    tag="div"
    class="absolute inset-0"
  >
    <component
      :is="window.component"
      v-for="[key, window], i in windowStore.map"
      :key="key"
      :init-position="{ x: (i + 1) * 30, y: (i + 1) * 30 }"
    />
  </transition-group>

  <!-- 右鍵選單-->
 ...
</template>
...
```

以上我們終於可以自由建立視窗了！接下來就讓我們前往新章節！
`(°▽、°)

Tips：

以上程式碼已同步至 GitLab 中，可以開啟以下連結查看：
https://gitlab.com/drmaster/mcu-windows/-/tree/feature/ first-window

CHAPTER

06

數位 ×IN×OUT

這個章節開始我們要建立「數位功能 I/O 視窗」，所以甚麼是數位訊號？

6.1 何謂數位訊號

簡單來說就是 0 與 1，只有開與關兩種狀態的訊號。問題來了，所以到底要怎麼用電壓表示 0、1 ？電壓不是可以連續變化嗎？

將連續變化的電壓定義為 0 或 1，這個過程我們稱之為「邏輯電壓準位」。

以 Arduino Uno 為例，若輸入電壓在 0.5 到 1.5 V 之間，則判斷為 0；3 到 5.5 V 之間，則判斷為 1。

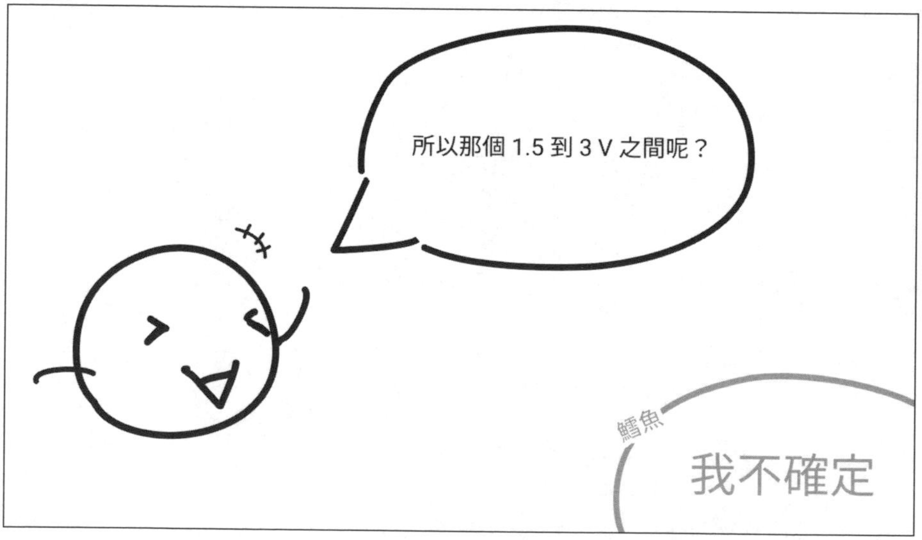

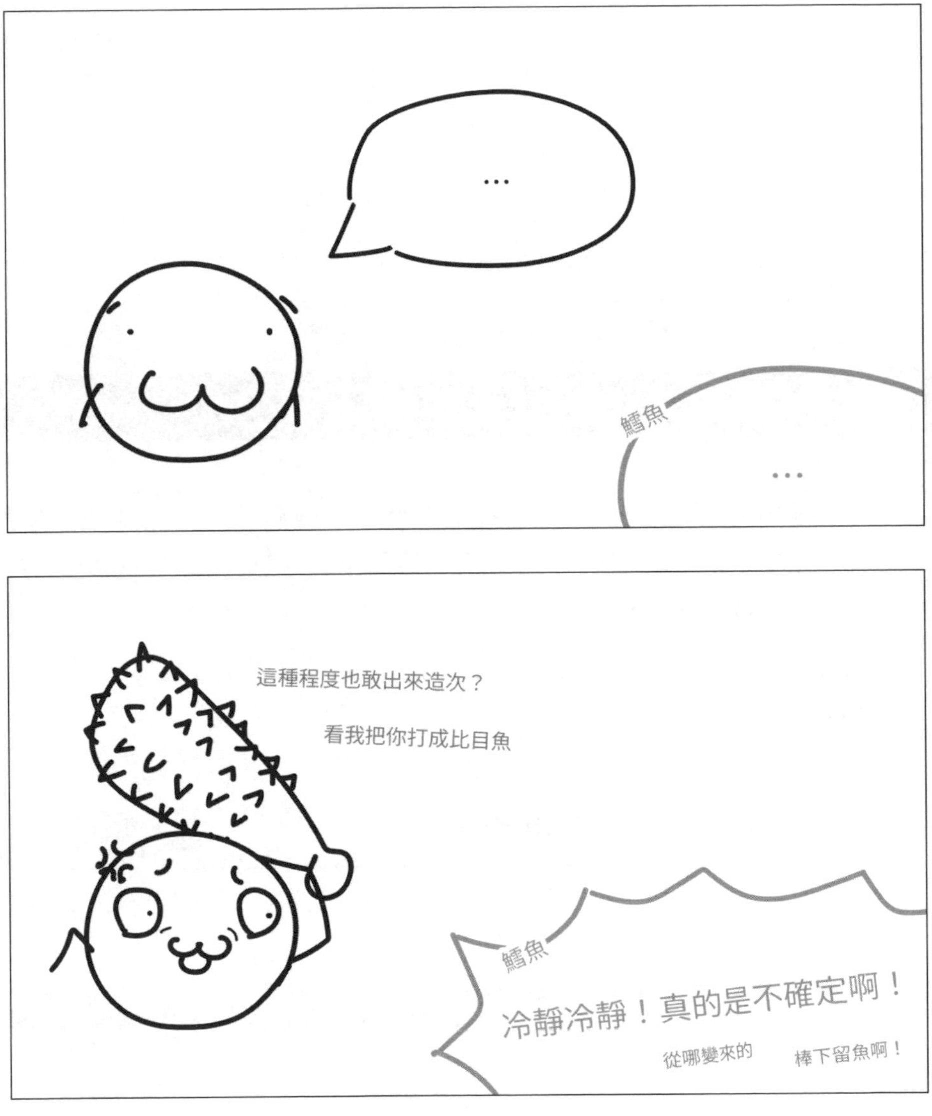

▲ 圖 6-1　Dialog 觸發選擇 COM Port 內容

1.5 到 3 V 這個區間稱之為「不確定」區間，意思是如果輸入電壓在這之間，Arduino Uno 不能保證讀取到的狀態到底是 0 還是 1。

Tips：

若有興趣想了解更深入的説明，可以參考以下連結。

【Maker 電子學】一次搞懂邏輯準位與電壓：

https://makerpro.cc/2019/07/figure-out-logic-level-and-voltage

6.2 建立 Firmata 轉換工具

從 protocol 我們可以知道腳位模式等等資訊都是數值代號，無法直覺閱讀，所以我們新增一個轉換 firmata 資訊的工具，並設計每個模式對應的顏色（使用 Quasar Color Palette）。

Tips：

Quasar Color Palette：

https://quasar.dev/style/color-palette

第一步先來定義一下腳位模式的資料格式：

src\common\firmata\firmata-utils.ts

```
export enum PinMode {
  /** 數位輸入 : 0x00 */
  DIGITAL_INPUT = 0x00,
  /** 數位輸出 : 0x01 */
  DIGITAL_OUTPUT = 0x01,
  /** 類比輸入 : 0x02 */
  ANALOG_INPUT = 0x02,
```

```
  PWM = 0x03,
  SERVO = 0x04,
  SHIFT = 0x05,
  I2C = 0x06,
  STEPPER = 0x08,
  ONEWIRE = 0x07,
  ENCODER = 0x09,
  SERIAL = 0x0A,
  /** 數位上拉輸入 : 0x0B */
  INPUT_PULLUP = 0x0B,
  SPI = 0x0C,
  SONAR = 0x0D,
  TONE = 0x0E,
  DHT = 0x0F,
}

export type PinModeKey = keyof typeof PinMode;

export interface PinModeDefinition {
  /** 模式代號 */
  code: PinMode;
  key: PinModeKey;
  name: string;
  color: string;
}
```

接著依序列舉所有的腳位模式資料吧！

```
const pinModeDefinitions: PinModeDefinition[] = [
  {
    code: 0x00,
    key: 'DIGITAL_INPUT',
    name: 'Digital Input',
```

```
    color: 'light-blue-3',
  },
  ...
  {
    code: 0x0F,
    key: 'DHT',
    name: 'DHT',
    color: 'brown-3',
  }
];
```

最後設計一個根據腳位模式編號取得定義的 function

src\common\firmata\firmata-utils.ts

```
...
export enum PinMode {...}

export type PinModeKey = keyof typeof PinMode;

export interface PinModeDefinition {...}

const pinModeDefinitions: PinModeDefinition[] = [...];

/** 取得腳位模式資訊
 * @param mode 腳位模式編號
 * @returns
 */
export function getPinModeInfo(mode: number) {
  return pinModeDefinitions.find((item) => item.code === mode);
}
```

6.3 建立數位 I/O 視窗

將 window-example.vue 複製一份後改個名字，建立數位 I/O 視窗，也就是可以讀取、輸出數位訊號的視窗。

src\components\window-digital-io.vue

```
<template>
  <base-window
    :id="id"
    class="window-digital-io"
    header-icon-color="teal-3"
    body-class="flex flex-col p-5"
    :init-position="props.initPosition"
    title="數位 I/O 功能"
  >
  </base-window>
</template>
...
<style scoped lang="sass">
.window-digital-io
  width: 330px
  height: 440px
</style>
```

現在讓我們前往 window.store，刪除 window-example，引入並新增 window-digital-io 元件吧。

src\stores\window.store.ts

```
...
import WindowDigitalIo from '../components/window-digital-io.vue';
```

```
/** 列舉並儲存視窗元件 */
const windowComponentMap = {
  'window-digital-io': markRaw(WindowDigitalIo),
}
...
```

現在回到 App.vue，將右鍵選單內的「範例視窗」改為新增「數位 I/O 視窗」並調整參數內容。

src\App.vue

```
<template>
  ...
  <!-- 右鍵選單-->
  <q-menu
    ...
  >
    <q-list class="w-64">
      <q-item
        ...
        @click="windowStore.add('window-digital-io')"
      >
        <q-item-section>新增「數位 I/O 視窗」</q-item-section>
      </q-item>
    </q-list>
  </q-menu>
</template>
...
```

現在我們可以新增數位 I/O 視窗了！但是視窗內空空如也，接下來讓我們加入視窗內容吧！

稍微規劃一下 UI 呈現。

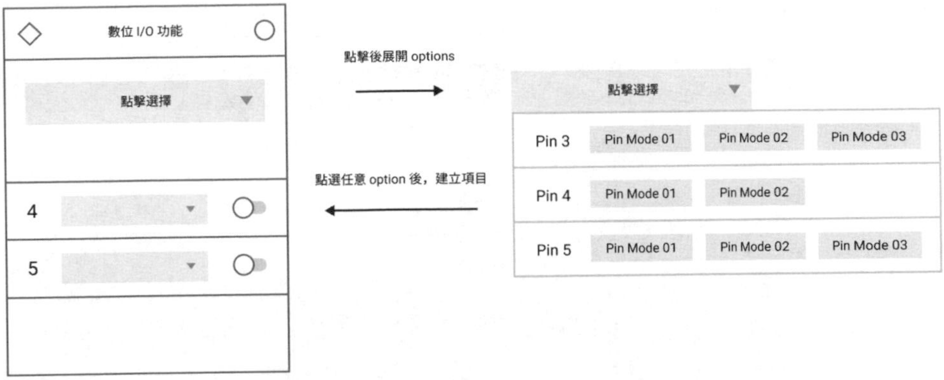

▲ 圖 6-2　數位功能視窗規劃

基本概念需求為：

- 選擇腳位，選擇後產生數位控制項目
- 數位控制項目可以控制此腳位數位 I/O 功能

所以我們有一個很重要的事項需要先完成，就是設計腳位選擇器。

6.4 建立腳位選擇器

可以預期所有的視窗都會需要這個腳位選擇器，所以也要考慮其通用性才行，讓我們來列舉一下功能需求。

- option 需要顯示該腳位支援的功能模式
- select 可以輸入文字，用於快速搜尋「腳位編號」或「功能模式名稱」
- 可以使用 v-model 綁定選擇數值，也可以選取後 emit 選擇項目。
- 可以自訂顏色

這個地方會稍微複雜一點，建議大家邊時做邊閱讀，會比較好理解。

(´・ω・`)

建立元件 pin-select。

src\components\pin-select.vue

```
<template>
</template>

<script setup lang="ts">
import { ref } from 'vue';

interface Props {
  label?: string;
}
const props = withDefaults(defineProps<Props>(), {
  label: '',
});

const emit = defineEmits<{
  (e: 'update:modelValue', value: string): void;
}>();
</script>

<style scoped lang="sass">
</style>
```

現在來設計一下參數定義。

```
interface Props {
  modelValue?: Pin;
  /** 可用腳位 */
  pins?: Pin[];
  /** select 的 placeholder */
  placeholder?: string;
  /** 主色 */
```

```
  color?: string;
  /** 是否可以清空 */
  clearable?: boolean;
}
const props = withDefaults(defineProps<Props>(), {
  modelValue: undefined,
  pins: (): Pin[] => [],
  placeholder: '選擇腳位',
  color: 'blue-grey-4',
  clearable: false,
});
```

並定義 emit 事件，預期有以下事件：

- update:modelValue：Vue 3 規定更新 v-model 數值之事件
- error：發生錯誤
- selected：點選選項時觸發

```
const emit = defineEmits<{
  (e: 'update:modelValue', value: Pin): void;
  (e: 'error', value: string): void;
  (e: 'selected', value: Pin): void;
}>();
```

接下來我們將功能建構在 Quasar 提供之 q-select 元件上。

Tips：

Quasar q-select 元件說明：

https://quasar.dev/vue-components/select

接著撰寫 template 所需的資料，首先是新增定義 value，用來與 q-select 之 v-model 綁定，並與元件內之 modelValue 進行同步。

```
const value = ref(props.modelValue);
watch(() => props.modelValue, (value) => {
 selectedValue.value = value;
});
```

接著將可用腳位轉換成 options 格式。

```
const options = computed(() => {
  return props.pins.map((pin) => {
    const chips = pin.capabilities.map((capability) =>
      getPinModeInfo(capability.mode)
    ).filter((item): item is PinModeDefinition => !!item);

    return {
      number: pin.number,
      /** 用 chip 的形式，讓使用者查看此腳位支援的功能 */
      chips,
      value: pin,
    };
  });
});
```

placeholder 要在腳位被選擇時為空。

```
const placeholderText = computed(() => {
  if (selectedValue.value) {
    return '';
  }
  return props.placeholder;
});
```

由於我們提供「輸入文字快速搜尋」的功能，所以一定會有過濾 options 的動作，這個部分依照 Quasar q-select 說明進行實作。

```
/** 過濾後的 options */
const filteredOptions = ref<(typeof options.value)>([]);

/** 給 q-select 觸發 @filter 時，呼叫的 function */
function handleFilter(keyWord: string, update: (callback: () =>
void) => void) {
  if (!keyWord) {
    update(() => {
      filteredOptions.value = options.value;
    });
    return;
  }

  update(() => {
    // 根據關鍵字過濾
    const regex = new RegExp(keyWord, 'i');

    filteredOptions.value = options.value.filter((option) => {
      const pinNumber = option.number;
      const chips = option.chips;

      // 搜尋腳位模式名稱
      const matchChip = chips.some((chip) => {
        return regex.test(chip.name);
      });

      return regex.test(`${pinNumber}`) || matchChip;
    });
  });
}
```

Tips：

Quasar q-select 輸入過濾功能說明：

https://quasar.dev/vue-components/select#filtering-and-autocomplete

最後是新增 option 被點選時，觸發的 function。

```
function handleOptionClick(option: typeof options.value[0]) {
  emit('selected', option.value);
  emit('update:modelValue', option.value);
}
```

最後完成 template、加上樣式並綁定資料吧。(•̀ ω •́) ✧

```
<template>
  <q-select
    v-model="selectedValue"
    class="base-select-pin text-shadow"
    use-input
    :bg-color="props.color"
    :color="props.color"
    :clearable="clearable"
    :options="filteredOptions"
    :placeholder="placeholderText"
    :input-debounce="0"
    :option-label="(pin)=>`Pin ${pin.number}`"
    rounded
    outlined
    hide-dropdown-icon
    dense
    input-class="text-center font-black placeholder-black"
    popup-content-class="rounded-3xl"
    @filter="handleFilter"
```

```
  >
    <template #no-option>
      <!-- 替換 option 為空時，顯示的內容-->
      <q-item class="py-2 border-b-1 text-red text-center">
        <q-item-section v-if="props.pins.length === 0">
          <q-item-label>無腳位資料</q-item-label>
        </q-item-section>
        <q-item-section v-else>
          <q-item-label>無符合關鍵字的腳位</q-item-label>
        </q-item-section>
      </q-item>
    </template>
    <template #option="{ opt }:{opt: typeof options.value[0]}">
      <!-- 自定 option 內容-->
      <q-item
        :key="opt.number"
        v-close-popup
        class="py-2 border-b-1"
        dense
        clickable
        @click="handleOptionClick(opt)"
      >
        <!-- 顯示腳位編號-->
        <q-item-section avatar>
          <q-item-label class="flex items-end font-orbitron w-12
text-grey-8">
            <div class="mr-1 text-grey">
              Pin
            </div>
            <div class="font-100">
              {{ opt.number }}
            </div>
          </q-item-label>
```

```
        </q-item-section><!-- 顯示腳位模式-->
        <q-item-section>
          <q-item-label>
            <q-chip
              v-for="chip in opt.chips"
              :key="chip.name"
              class="text-shadow-md font-700"
              rounded="rounded"
              size="md"
              :color="chip.color"
              text-color="white"
            >
              {{ chip.name }}
            </q-chip>
          </q-item-label>
        </q-item-section>
      </q-item>
    </template>
  </q-select>
</template>

<script setup lang="ts">
...
</script>

<style scoped lang="sass">
.base-select-pin
  position: relative
  :deep(.q-field__control)
    &::before
      border: none !important
</style>
```

現在讓我們在 window-digital-io 引入 pin-select 試試看。

```
src\components\window-digital-io.vue
<template>
  <base-window
    ...
  >
    <pin-select color="teal-3" />
  </base-window>
</template>

<script setup lang="ts">
...
import PinSelect from './pin-select.vue';
...
</script>
...
```

在桌面右鍵選單中，選擇『新增「數位 I/O 視窗」』，並點擊其中的 select 應該可以看到圖 6-3。

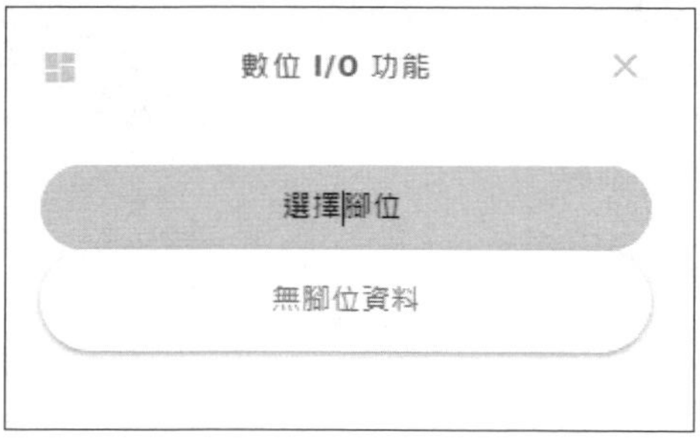

▲ 圖 6-3　數位 I/O 視窗與腳位選擇器

可能有人想問「怎麼顯示無腳位資料？」，那是因為我們還沒提供 pins 參數給 pin-select 元件，所以來提供可用的腳位資料給 pin-select 吧！(´▽`)ﾉ

所以可用腳位資料要從哪裡來啊？當然是 board.store 囉。(´,,•ω•,,)

在 window-digital-io 中，新增 supportPins，提供支援數位功能腳位清單並綁定至 template 的 pin-select 中。

src\components\window-digital-io.vue

```
<template>
  <base-window
   ...
  >
    <pin-select
      color="teal-3"
      :pins="supportPins"
    />
  </base-window>
</template>

<script setup lang="ts">
...
import { PinMode } from '../common/firmata/firmata-utils';

const { DIGITAL_INPUT, DIGITAL_OUTPUT, INPUT_PULLUP } = PinMode;

...

/** 支援數位功能的腳位 */
const supportPins = computed(() => {
  return boardStore.pins.filter((pin) => {
    return pin.capabilities.some((capability) =>
      [DIGITAL_INPUT, DIGITAL_OUTPUT, INPUT_PULLUP].includes(
        capability.mode
      )
    );
```

```
  });
});
</script>
...
```

效果如圖 6-4。

▲ 圖 6-4　pin-select 顯示可用腳位

現在我們可以輕鬆的選擇想要指定的腳位了！ ✧*。٩(ˊᗜˋ*)و✧*。

讓我們新增 existPins 變數，儲存選擇的腳位，並新增 handleSelected function 綁定在 pin-select 的 @selected 事件上。

```
<template>
  <base-window ...>
    <pin-select
      ...
      @selected="handelPinSelected"
    />
  </base-window>
</template>

<script setup lang="ts">
import { computed, getCurrentInstance, ref } from 'vue';
...
const existPins = ref<Pin[]>([]);

function handelPinSelected(pin: Pin) {
  existPins.value.push(pin);
}
</script>
...
```

不過有一個潛在問題，這樣會不會不同視窗選到重複的腳位？的確有這個可能，所以我們來解決這個問題吧。

在 window.store 之 Window 物件新增 occupiedPins，儲存被使用的腳位。

src\stores\window.store.ts

```
...
import { Pin } from '../common/firmata/response-define';
...
interface Window {
```

```
  ...
  /** 占用腳位 */
  occupiedPins: Pin[];
}
...
export const useWindowStore = defineStore('window', {
  ...
  actions: {
    add(name: WindowName) {
      ...
      this.map.set(id, {
        component: windowComponentMap[name],
        id,
        focusAt: Date.now(),
        occupiedPins: [],
      });
    },
    ...
  },
  ...
})
```

接著在 action 中新增 addOccupiedPin、deleteOccupiedPin 負責新增、移除占用腳位。

```
...
export const useWindowStore = defineStore('window', {
  ...
  actions: {
    ...
    /** 新增 Window 占用腳位 */
    async addOccupiedPin(id: string, pin: Pin) {
      const windows = [...this.map.values()];
```

```
      const target = windows.find((window) => window.id === id);
      if (!target) {
        return Promise.reject(`window 不存在`);
      }

      target.occupiedPins.push(pin);
    },

    /** 移除 Window 占用腳位 */
    async deleteOccupiedPin(id: string, pin: Pin) {
      const windows = [...this.map.values()];

      const target = windows.find((window) => window.id === id);
      if (!target) {
        return Promise.reject(`window 不存在`);
      }

      const targetPinIndex = target.occupiedPins.findIndex(({
number }) =>
        number === pin.number
      );
      if (targetPinIndex < 0) return;

      target.occupiedPins.splice(targetPinIndex, 1);
    },
  },
  ...
})
```

最後在 getters 新增 occupiedPins，用來列出所有被占用的腳位。

```
...
export const useWindowStore = defineStore('window', {
  ...
  getters: {
    ...
    /** 所有被占用腳位，包含占用 window 的 ID */
    occupiedPins(state) {
      const windows = [...state.map.values()];

      // 找出有占用腳位的 window
      const occupiedPinWindows = windows.filter(({ occupiedPins
}) =>
        occupiedPins.length !== 0
      );

      const occupiedPins = occupiedPinWindows.reduce<{
        pin: Pin;
        ownedWindowId: string;
      }[]>((acc, window) => {
        window.occupiedPins.forEach((pin) => {
          acc.push({
            pin,
            ownedWindowId: window.id,
          });
        });

        return acc;
      }, []);

      return occupiedPins;
    },
  }
})
```

現在讓我們在 window-digital-io 中的 handelPinSelected 中，呼叫 window.store 的 addOccupiedPin 就可以儲存被使用過的腳位了。

src\components\window-digital-io.vue

```
...
<script setup lang="ts">
...
import { PinMode } from '../common/firmata/firmata-utils';
import { Pin } from '../common/firmata/response-define';
import { useWindowStore } from '../stores/window.store';
...
const windowStore = useWindowStore();
...
function handelPinSelected(pin: Pin) {
  existPins.value.push(pin);
  windowStore.addOccupiedPin(id, pin);
}
</script>
...
```

接著在 pin-select 中 disable 被占用腳位並發出錯誤事件。

src\components\pin-select.vue

```
<template>
  <q-select ... >
    ...
    <template #option="{ opt }:{opt: typeof options.value[0]}">
      <!-- 自定 option 內容-->
      <q-item
        ...
        :class="{ 'cursor-not-allowed opacity-40': opt.disable }"
        @click="handleOptionClick(opt)"
      >
```

```
        ...
      </q-item>
    </template>
  </q-select>
</template>

<script setup lang="ts">
...
const options = computed(() => {
  return props.pins.map((pin) => {
    ...
    const isOccupied = windowStore.occupiedPins.
some((occupiedPin) =>
      occupiedPin.pin.number === pin.number
    );

    return {
      number: pin.number,
      /** 用 chip 的形式，讓使用者查看此腳位支援的功能 */
      chips,
      value: pin,
      disable: isOccupied,
    };
  });
});
...
function handleOptionClick(option: typeof options.value[0]) {
  const { value: pin, disable } = option;

  if (disable) {
    emit('error', `${pin.number} 號腳位已被占用`);
    return;
  }
```

```
  emit('selected', pin);
  emit('update:modelValue', pin);
}
</script>
...
```

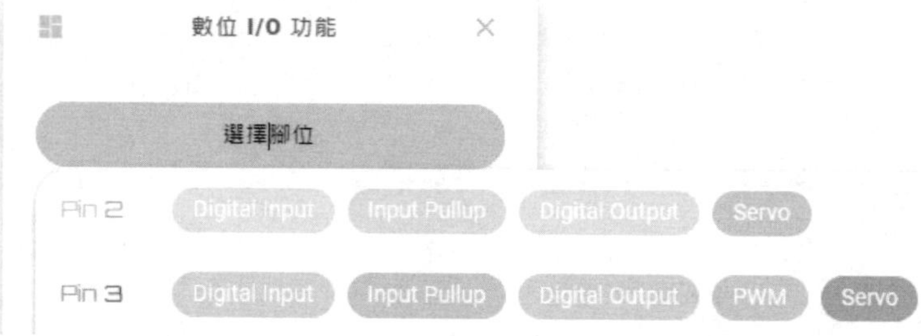

▲ 圖 6-5　pin-select disable 腳位

最後讓我們在 window-digital-io 接收 pin-select 發出的錯誤訊息並用 Quasar 的 Notiofy 發出提示吧。

src\components\window-digital-io.vue

```
<template>
  <base-window ... >
    <pin-select
      ...
      @error="handleError"
    />
  </base-window>
</template>
<script setup lang="ts">
...
```

```
function handleError(message: string) {
  $q.notify({
    type: 'negative',
    message,
  });
}
</script>
...
```

現在按下被 disable 的腳位選項時，就會跳出如圖 6-6 的錯誤提示了！

▲ 圖 6-6　腳位停用錯誤提示

成功阻止重複新增腳位，~~世界恢復和平！ ᕕ(ﾟ∀。)ᕗ~~

讀者們可能會覺得有點頭暈，因為這個段落我們建立了很多基礎功能，但也因為基礎功能已建立完成，所以接下來的章節會輕鬆很多喔！

> **Tips：**
> 以上程式碼已同步至 GitLab 中，可以開啟以下連結查看：
> https://gitlab.com/drmaster/mcu-windows/-/tree/feature/digital-window

下一步我們要來實際建立 I/O 控制元件，顯示、控制真實的數位訊號。(´▽`)/

6.5 數位訊號

首先讓我們來認識一下數位訊號。

在 Firmata 的 Supported Modes 中與數位 I/O 相關功能為：

```
DIGITAL_INPUT  (0x00)
DIGITAL_OUTPUT (0x01)
INPUT_PULLUP   (0x0B)
```

6.5.1 數位輸入（Digital Input）

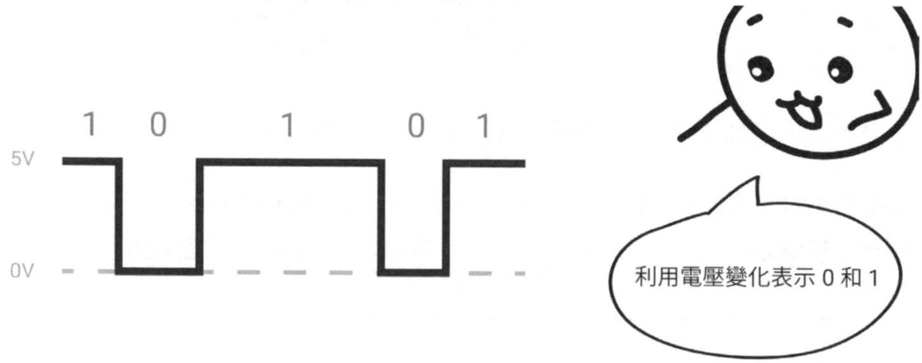

▲ 圖 6-7 數位訊號

Arduino Uno 的每一隻腳位都可以作為數位輸入使用，也就是每一隻腳位都可以接收 0 至 5V 的電壓。

6.5.2 數位輸出（Digital Output）

和輸入相反，Uno 的每一隻腳位也可以作為數位輸出使用，也就是可以輸出 0 至 5V 的電壓。

6.5.3 上拉輸入（Input Pullup）

基本上和數位輸入相同，都是輸入數位訊號，差別在 Uno 會在內部啟用上拉電阻。

甚麼是上拉電阻？我們可以先來探討以下問題。

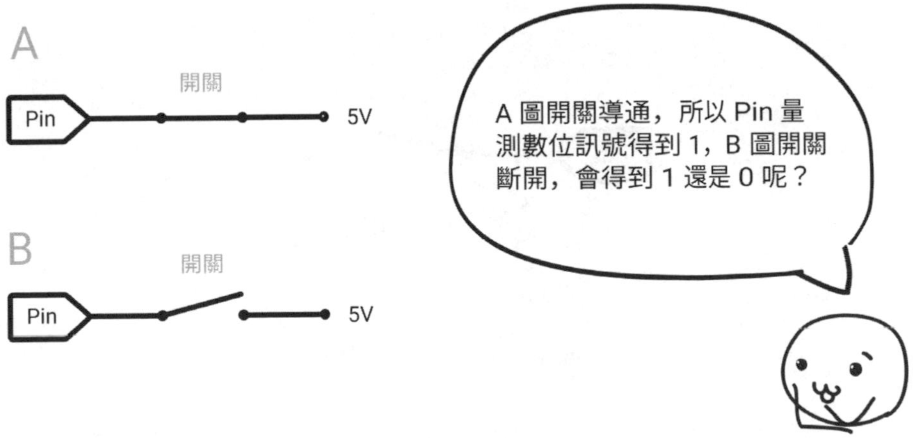
A
開關
Pin
5V
B
開關
Pin
5V
A 圖開關導通，所以 Pin 量測數位訊號得到 1，B 圖開關斷開，會得到 1 還是 0 呢？

▲ 圖 6-8　浮接

電子助教：「一定是 0 吧」

鱈魚：「答案是『不一定』。」

電子助教：「怎麼那麼多不一定 (´・ω・`)...」

鱈魚：「就像人生一樣嘛」

電子助教：「...」

當 Uno 腳位為數位輸入時會進入高阻抗狀態，此時如果輸入腳位斷路，沒有任何電壓接入，就會處於「浮接（Floating）」狀態。

這個時候腳位非常容易受到外部磁場干擾，變成像天線一般的存在，為了避免這種情況，就需要「上拉電阻」登場了。

上拉電阻會在開關斷開後，將電壓固定至指定電壓（Uno 為 5V），而下拉電阻則是固定至 GND（0V）。

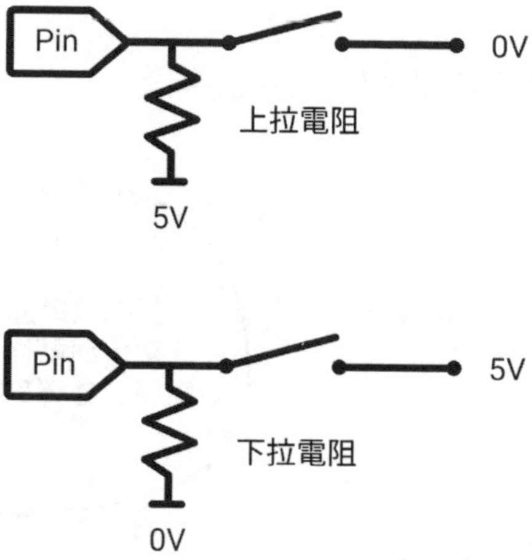

▲ 圖 6-9　上、下拉電阻

> **Tips：**
> 想閱讀更詳細說明的朋友可以參考以下連結：
> 浮接 Floating 是甚麼？電路的不確定因素：
> https://www.strongpilab.com/input-high-z-floating/

6.6 硬體實作

實作頁面控制之前，先讓我們接好硬體，這樣才方便驗證功能。

6.6.1 準備零件

首先需要準備以下設備與零件：

- 三用電表 * 1
- 麵包板 * 1
- 按鈕 * 1

推薦使用這種兩隻腳的按鈕。

▲ 圖 6-10　兩腳按鈕

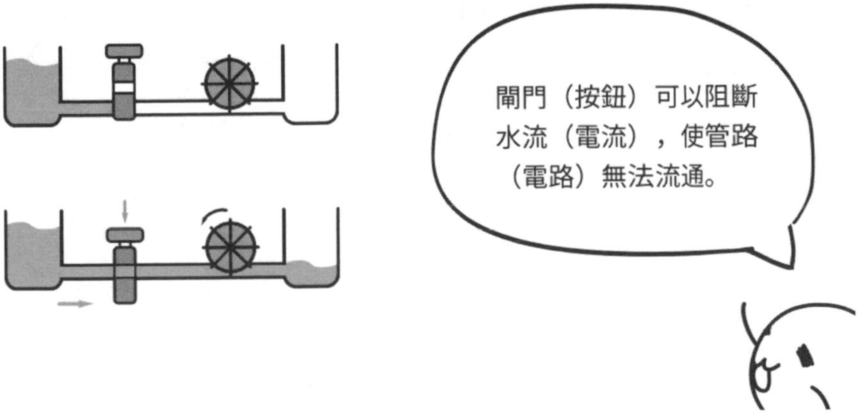
閘門（按鈕）可以阻斷
水流（電流），使管路
（電路）無法流通。

▲ 圖 6-11　按鈕開關原理

■ LED * 1

全名「發光二極體（light-emitting diode）」，功能與燈泡相同，通電就會發亮。

準備甚麼顏色都可以。

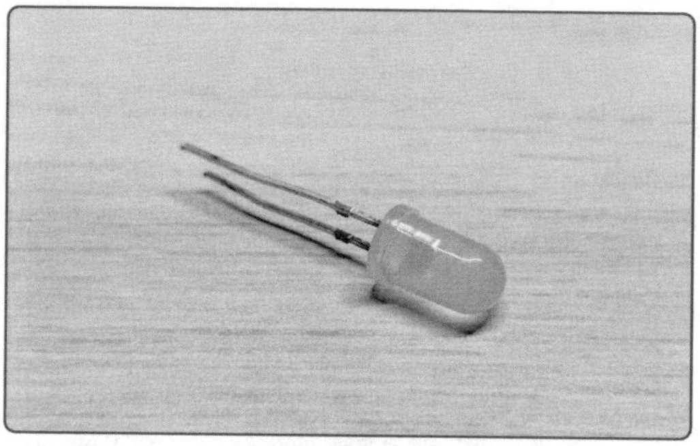

▲ 圖 6-12　LED

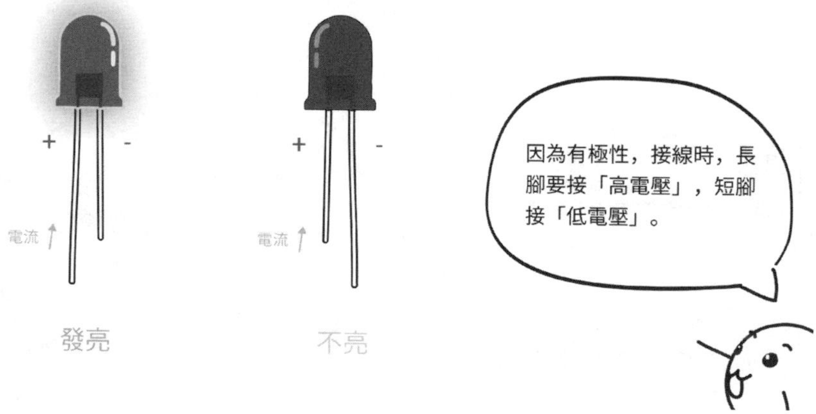

▲ 圖 6-13　LED 說明

■ 電阻 220 歐姆 * 1

用來分配電路中的電壓、電流。

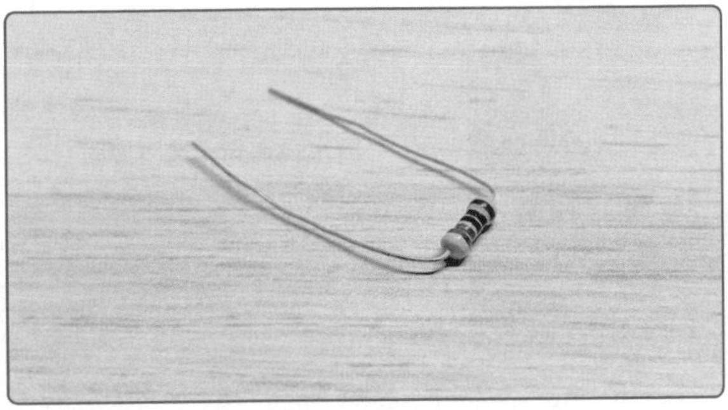

▲ 圖 6-14　電阻

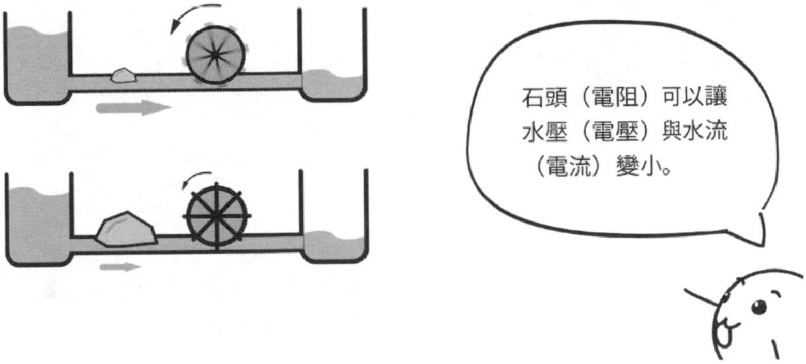

▲ 圖 6-15　電阻說明

6.6.2 檢查硬體

開始連接電路前必須先確認每一個硬體都能正常運作，讓除錯更有效率，如同單元測試的概念一般。

■ 按鈕

利用三用電表確認按鈕是否能夠正常通導。

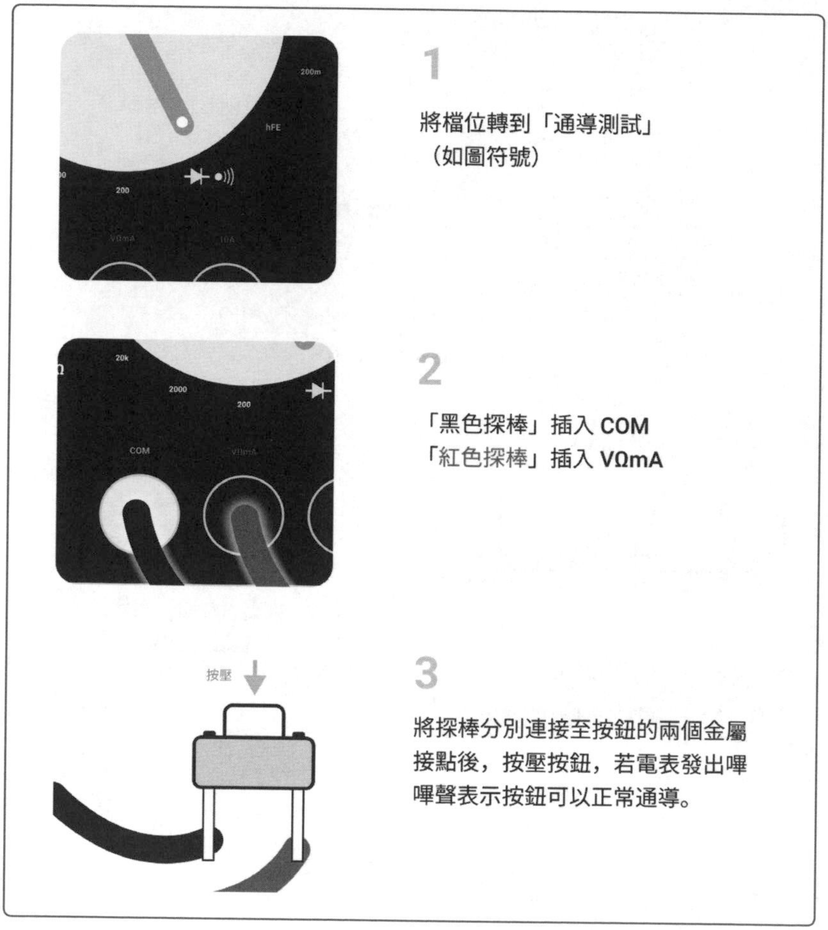
200m
hFE
200
1
將檔位轉到「通導測試」
（如圖符號）
20k
2000
200
COM
2
「黑色探棒」插入 COM
「紅色探棒」插入 VΩmA
按壓
3
將探棒分別連接至按鈕的兩個金屬
接點後，按壓按鈕，若電表發出嗶
嗶聲表示按鈕可以正常通導。

▲ 圖 6-16　按鈕檢測

如果電表都沒有發出嗶嗶聲，那就換一個按鈕試試看。

■ LED

利用三用電表確認 LED 是否能夠正常發光。

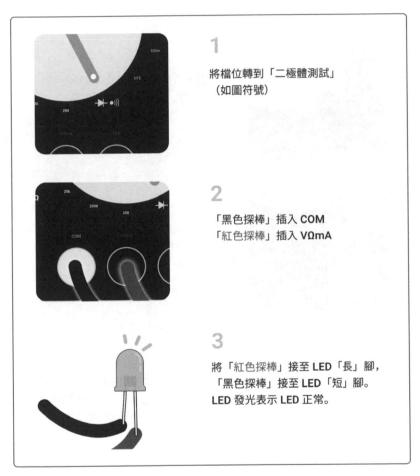

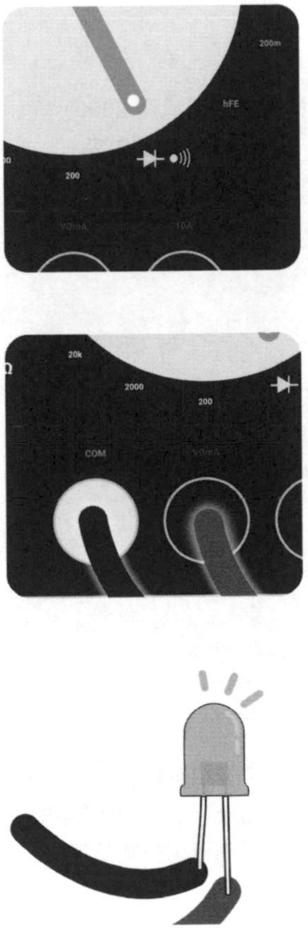

1

將檔位轉到「二極體測試」（如圖符號）

2

「黑色探棒」插入 COM
「紅色探棒」插入 VΩmA

3

將「紅色探棒」接至 LED「長」腳，「黑色探棒」接至 LED「短」腳。
LED 發光表示 LED 正常。

▲ 圖 6-17　LED 檢測

LED 沒有亮的話，可以試試看：

- 探棒交換連結長短腳
- 確保金屬接觸良好
- 換一個 LED

■ 電阻

利用三用電表確認電阻選用是否正確且功能正常。

1

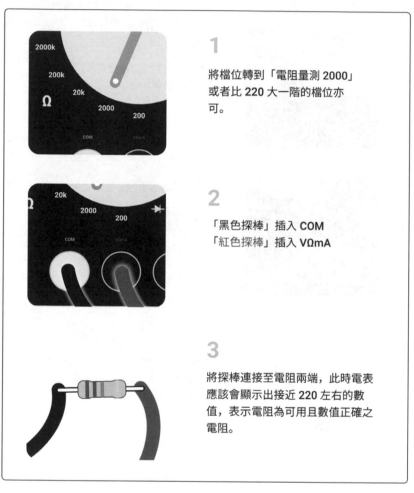

將檔位轉到「電阻量測 2000」或者比 220 大一階的檔位亦可。

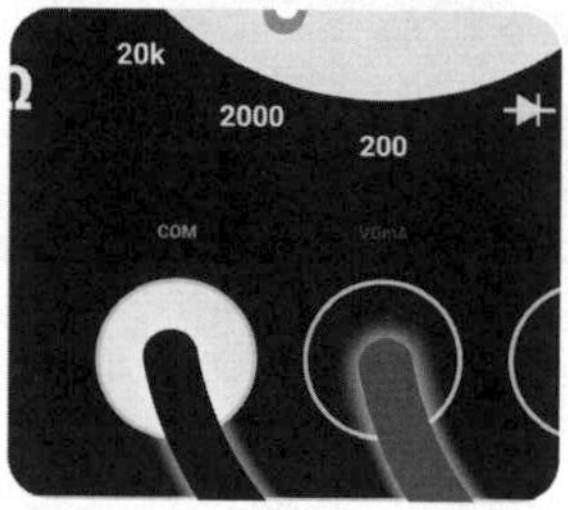

2

「黑色探棒」插入 COM

「紅色探棒」插入 VΩmA

3

將探棒連接至電阻兩端，此時電表應該會顯示出接近 220 左右的數值，表示電阻為可用且數值正確之電阻。

▲ 圖 6-18　電阻檢測

如果數值都一直顯示 1，可以試試看：

- 確認量測檔位正確
- 確保金屬接觸良好
- 換一個電阻

電子助教：「為甚麼量出來和 220 差有點多？」

鱈魚：「因為是便宜貨嘛ヽ('～`″)ㄏ」

電子助教：(憐憫的眼神 (´●ω●`))

鱈魚：「亮個 LED 用不著精密電阻啦 ⎝(・ω´・⎝)，才不是因為我買不起好嘛！」

> **Tips：**
> 電阻依其品質有其允許誤差範圍，具體判讀方式可以參考連結：
> 電阻色碼：https://zh.wikipedia.org/wiki/ 電阻色碼

6.6.3 連接電路

以下為參考接線方式，可以不用完全相同，只要效果相同即可。

使用 Uno 板子上的 5V 為 +、GND 為 -。

- 數位輸入

我們希望訊號平常狀態為「低電位（0）」，按下狀態為「高電位（1）」，所以這裡採用下拉電阻。

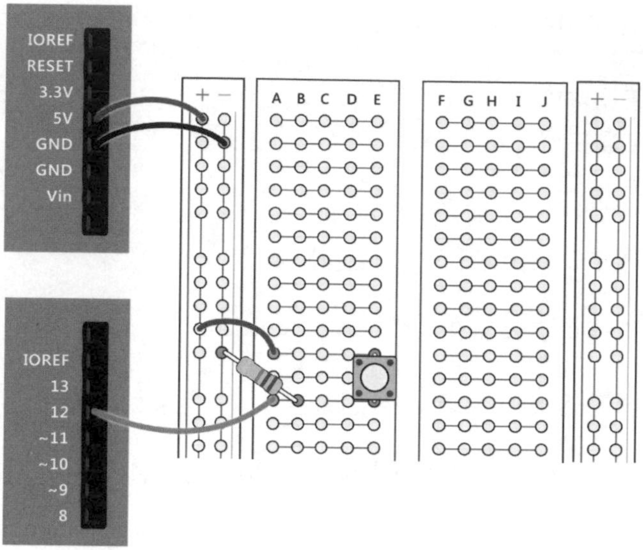

▲ 圖 6-19　數位輸入接線

■ 上拉輸入

因為 Uno 可以啟動內部上拉，所以不需要任何上下拉電阻。

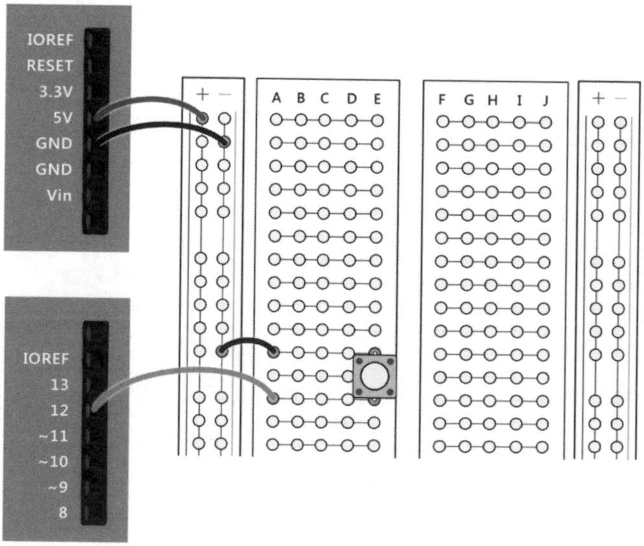

▲ 圖 6-20　上拉輸入接線

■ 數位輸出

長腳一定要接在與 Pin 連接的位置，因為我們要由 Uno 輸出高電壓推動 LED 燈，所以 Pin 需要連接 LED 的正極。

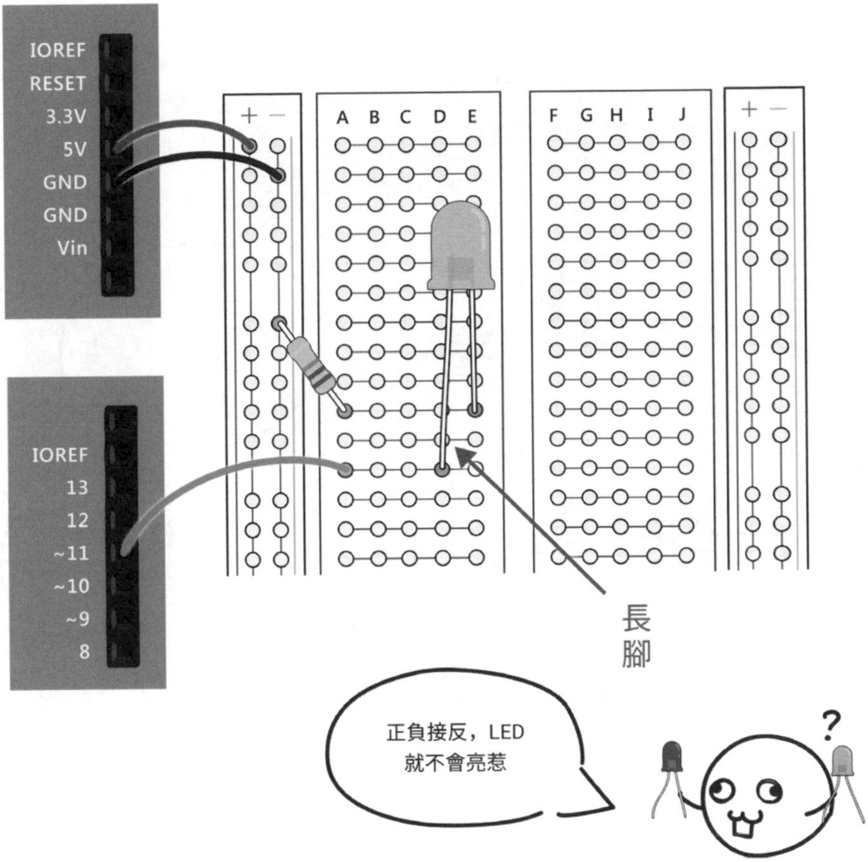

▲ 圖 6-21　數位輸出接線

6.6.4 補充說明

❑ 為何 LED 需要串聯電阻

如果流經 LED 的電流過大，會導致 LED 過熱燒毀，所以需要電阻進行「限流」，不要讓電流過大。

換個比喻，電阻就像是河流中的石頭，可以減緩水流（減少電流），保護水車（LED）不會被衝壞（燒壞）。

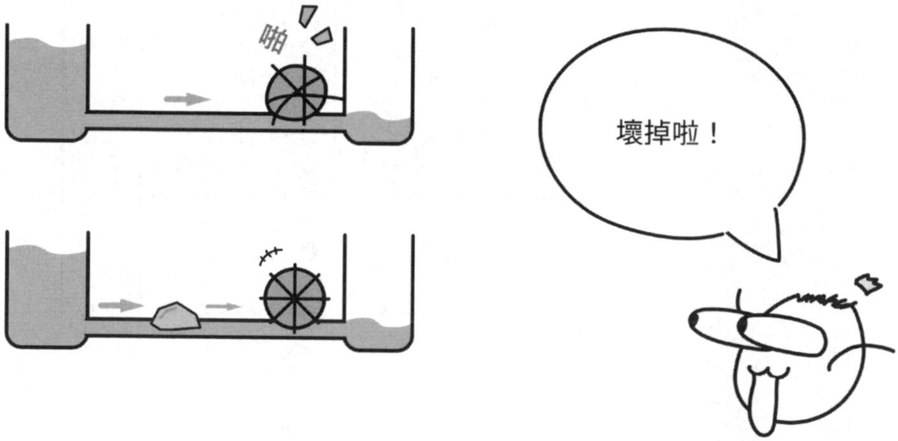

▲ 圖 6-22　為何 LED 需要串聯電阻

❑ 更好的元件驅動方式

其實驅動元件最好的方式應為「透過額外的電晶體（BJT 或 MOSDET 等等）驅動，Uno 只負責提供控制訊號」。

根據官方資料 Uno 所有 I/O 腳位輸出總電流不能超過 200mA，若超過容易造成 Uno 損壞，但為了簡單呈現效果且只有 1 個 LED 也不會超載，所以在此使用腳位驅動。

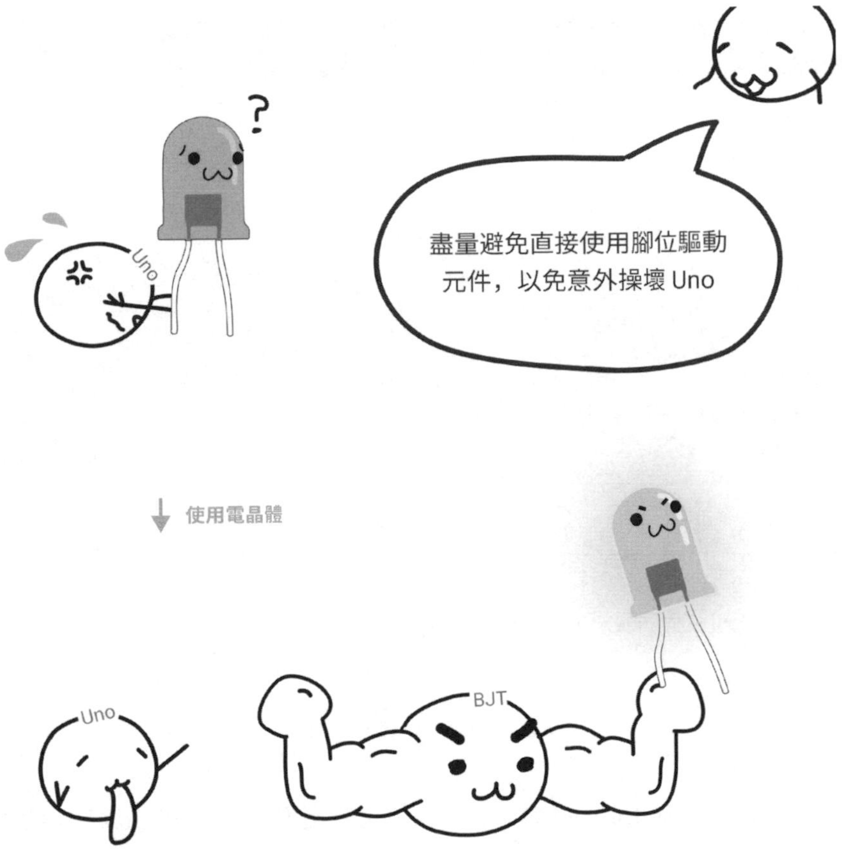

▲ 圖 6-23　更好的元件驅動方式

電路接好了，那就讓我們完成數位視窗完整功能吧！ –=≡Σ(((つ ｀• ω ´•) つ

6.7 建立數位控制元件

稍微規劃一下預期 UI 內容。

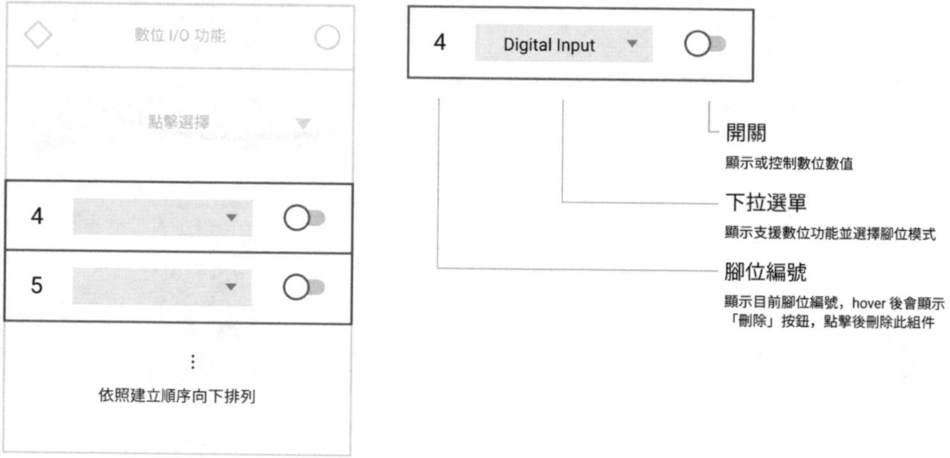

▲ 圖 6-24　數位控制元件 UI

建立 window-digital-io-item 元件，用來作為數位功能控制與顯示功能。

具體實作方式：

- 開關

  使用 Quasar Toggle。

- 下拉選單

  使用 Quasar Select。

  顯示數位功能：Digital Input、Digital Output、Input Pullup

- 刪除按鈕（腳位編號）

  使用 Quasar Button。

程式的部份為：

- 列舉可用的數位模式
- 可選擇使用的數位模式
- 儲存目前數位數值

一樣先來設計 Props。

src\components\window-digital-io-item.vue

```
<template>
</template>

<script setup lang="ts">
import { ref } from 'vue';
import { Pin } from '../common/firmata/response-define';

interface Props {
  pin: Pin;
}
const props = withDefaults(defineProps<Props>(), {});
</script>

<style scoped lang="sass">
</style>
```

接著引入數位功能腳位清單，並根據輸入 pin 參數，後選出可用的模式與給 select options 用的參數。

```
...
<script setup lang="ts">
...
import { Capability, Pin } from '../common/firmata/response-
define';
```

```
import { getPinModeInfo, PinMode } from '../common/firmata/
firmata-utils';

const { DIGITAL_INPUT, DIGITAL_OUTPUT, INPUT_PULLUP } = PinMode;
...
const digitalModes = [
  DIGITAL_INPUT,
  DIGITAL_OUTPUT,
  INPUT_PULLUP,
];

/** 目前腳位狀態 */
const pinValue = ref(false);
const selectedCapability = ref<Capability>();

/** 指定 pin 可用的數位功能 */
const usableCapabilities = computed(() => {
  const capabilities = props.pin.capabilities.filter((capability) =>
    digitalModes.includes(capability.mode)
  );

  return capabilities;
});

/** 可用功能 options */
const capabilityOptions = computed(() => {
  return usableCapabilities.value.map((capability) => {
    const info = getPinModeInfo(capability.mode);

    return {
      label: info?.name ?? 'unknown',
      value: capability,
    };
```

```
  });
});
</script>
...
```

再來加入刪除按鈕用的事件。

```
...
<script>
...
function handleDelete() {
  emit('delete', props.pin);
}
</script>
...
```

最後完成 template 與樣式，並綁定資料吧。

```
<template>
  <div class="flex flex-nowrap w-full">
    <div class="pin-number">
      <div>
        {{ pin.number }}
      </div>
      <q-btn
        class="bg-white"
        icon="delete"
        dense
        flat
        rounded
        color="grey-5"
        @click="handleDelete"
      />
    </div>
```

```
    <q-select
      v-model="selectedCapability"
      class="w-full"
      outlined
      dense
      rounded
      emit-value
      map-options
      :options="capabilityOptions"
      color="teal"
    />
    <q-toggle
      v-model="pinValue"
      color="teal-5"
      keep-color
      checked-icon="bolt"
    />
  </div>
</template>
...
<style scoped lang="sass">
.pin-number
  width: 36px
  padding: 10px 0px
  margin-right: 10px
  font-family: 'Orbitron'
  color: $grey
  text-align: center
  position: relative
  &:hover
    .q-btn
      pointer-events: auto
      opacity: 1
```

```
  .q-btn
    position: absolute
    top: 50%
    left: 50%
    transform: translate(-50%, -50%)
    pointer-events: none
    transition-duration: 0.4s
    opacity: 0
</style>
```

現在把 window-digital-io-item 加入 window-digital-io 中。

src\components\window-digital-io.vue

```
<template>
  <base-window ... >
    ...
    <transition-group
      name="list"
      tag="div"
      class="relative"
    >
      <window-digital-io-item
        v-for="pin in existPins"
        :key="pin.number"
        class="py-3"
        :pin="pin"
      />
    </transition-group>
  </base-window>
</template>

<script setup lang="ts">
...
```

```
import WindowDigitalIoItem from './window-digital-io-item.vue';
...
</script>
```

transition-group 讓項目建立、移除時有過渡動畫，現在讓我們加入 list 用的動畫 class。

src\style\animate.sass

```
...
.list-enter-active, .list-leave-active, .list-move
  transition-duration: 0.4s
  pointer-events: none
.list-enter, .list-leave-to
  opacity: 0 !important
  transform: translateY(30px) !important
.list-leave-active
  position: absolute !important
```

最後新增處理 item 發出的刪除事件。

src\components\window-digital-io.vue

```
<template>
  <base-window ... >
    ...
    <transition-group ... >
      <window-digital-io-item
        ...
        @delete="handlePinDelete"
      />
    </transition-group>
  </base-window>
</template>
```

```
<script setup lang="ts">
...
function handlePinDelete(pin: Pin) {
  windowStore.deleteOccupiedPin(id, pin);

  const index = existPins.value.findIndex((existPin) =>
    existPin.number === pin.number
  );
  existPins.value.splice(index, 1);
}
</script>
...
```

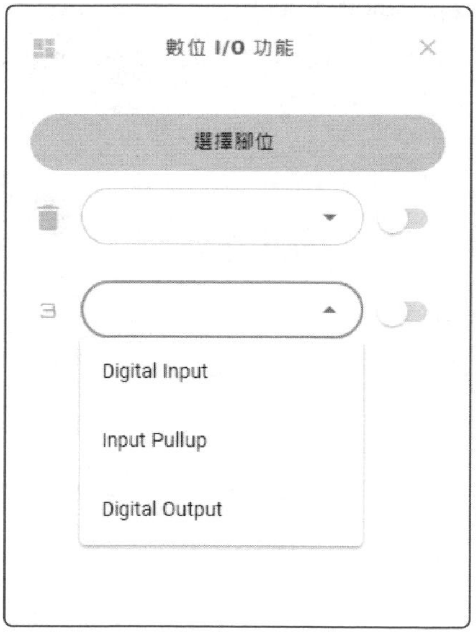

▲ 圖 6-25　新增、刪除腳位

現在我們可以自由新增、刪除腳位了！(´▽`)ﾉ

現在只差實際發出數位命令訊號了。

6.7.1 數位輸出

目前我們很清楚 Arduino Uno 每隻腳位都有多個功能，所以在控制腳位數值之前，需要先發送命令設定腳位模式。

在「Control Messages Expansion」可以找到設定腳位模式的命令為：

```
0 set digital pin mode (0xF4) (MIDI Undefined)
1 set pin number (0-127)
2 mode (INPUT/OUTPUT/ANALOG/...)
```

> **Tips：**
>
> Control Messages Expansion 文檔：
>
> https://github.com/firmata/protocol/blob/master/protocol.md#control-messages-expansion

由以上說明可以得知：

- byte[0]：命令代號 0xF4
- byte[1]：腳位編號。
- byte[2]：模式編號。

也就是說，如果要設定 Pin 11（0x0B）為「數位輸出（0x01）」模式，則命令為 [0xF4, 0x0B, 0x01]

接著根據剛才的結論，在 cmd-define 新增設定腳位模式命令。

src\common\firmata\cmd-define.ts

```
import { PinMode } from "./firmata-utils";


/** 命令 Key 種類 */
```

```
export enum CmdKey {
  ...
  SET_MODE = 'set-mode',
}
...
/** 設定腳位模式 */
type CmdSetMode = CmdDefine<'set-mode', {
  pin: number;
  mode: PinMode;
}>;

export type FirmataCmd = CmdQueryCapability |
CmdQueryAnalogMapping | CmdSetMode;

export const cmds: FirmataCmd[] = [
  ...
  // set-mode: 設定腳位模式
  {
    key: 'set-mode',
    getValue({ pin, mode }) {
      return [0xF4, pin, mode];
    },
  },
]
```

讀者一定會注意到目前命令可以輸入參數了，所以這裡我們調整一下原本 FirmataCmdParams 的寫法。

src\common\firmata\cmd-define.ts

```
...
export type FirmataCmdParams = Parameters<FirmataCmd['getVal
ue']>[0];
...
```

這樣 TypeScript 就會知道命令的參數應該如何進行型別檢查了，現在我們可以放心使用「設定腳位模式」這個命令了！

最後則是設定數位腳位數值，一樣在「Control Messages Expansion」可以找到設定腳位數值的命令為：

```
0 set digital pin value (0xF5) (MIDI Undefined)
1 set pin number (0-127)
2 value (LOW/HIGH, 0/1)
```

由以上説明可以得知：

- byte[0]：命令代號 0xF5
- byte[1]：腳位編號。
- byte[2]：目標數值。高電位為 1、低電位為 0。

也就是説，若要設定 Pin 11（0x0B）為「數位輸出數值」為：

- 「高電位（0x01）」，則命令為 [0xF5, 0x0B, 0x01]
- 「低電位（0x00）」，則命令為 [0xF5, 0x0B, 0x00]

接著根據剛才的結論，在 cmd-define 新增設定腳位模式命令。

src\common\firmata\cmd-define.ts

```
...
/** 命令 Key 種類 */
export enum CmdKey {
  ...
  SET_DIGITAL_PIN_VALUE = 'set-digital-pin-value',
}
...
/** 設定數位腳位數值 */
type CmdSetDigitalPinValue = CmdDefine<'set-digital-pin-value', {
  pin: number;
```

```
  value: boolean;
}>;

export type FirmataCmd = CmdQueryCapability |
CmdQueryAnalogMapping | CmdSetMode
  | CmdSetDigitalPinValue;

export const cmds: FirmataCmd[] = [
  ...
  // set-digital-pin-value: 設定數位腳位數值
  {
    key: 'set-digital-pin-value',
    getValue({ pin, value }) {
      const level = value ? 0x01 : 0x00;
      return [0xF5, pin, level];
    },
  },
]
```

最終我們也可以使用「設定數位腳位數值」這個命令了！ ヽ(•ω•)ﾉ

現在讓我們實作將命令發送出去的功能吧，首先新增初始化腳位模式的 function，並在每次選擇模式變化時，自動呼叫一次初始化。

src\components\window-digital-io-item.vue

```
...
<script setup lang="ts">
...
const selectedCapability = ref<Capability>();
watch(selectedCapability, (value) => {
  if (!value) return;

  initPinMode(props.pin, value.mode);
```

```
});

function initPinMode(pin: Pin, mode: PinMode) {
  if (!portStore.transceiver) return;
  if (!selectedCapability.value) return;

  portStore.transceiver.addCmd('set-mode', {
    pin: pin.number,
    mode,
  });
}
...
</script>
...
```

只要使用者選定腳位功能後，就會發送命令設定腳位模式。

再來就是偵測開關變化，並將開關數值傳送至腳位數值。

src\components\window-digital-io-item.vue

```
...
<script setup lang="ts">
...
/** 目前腳位狀態 */
const pinValue = ref(false);
watch(pinValue, (value) => {
  if (!portStore.transceiver) return;

  portStore.transceiver.addCmd('set-digital-pin-value', {
    pin: props.pin.number,
    value,
  });
});
```

```
...
</script>
...
```

如果讀者電路與「連接電路 6.6.3 章示範之數位輸出電路」完全相同的話，現在選擇 Pin 11，並選擇「Digital Output」後，就可以如同圖 6-26 一般，透過開關切換 LED 發亮了！

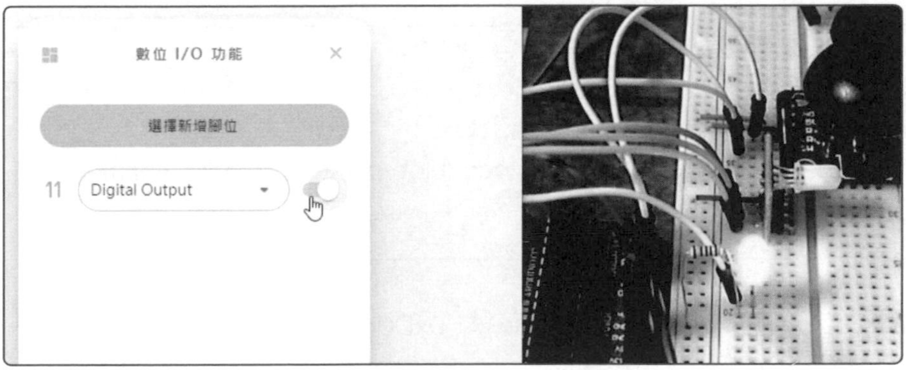

▲ 圖 6-26　完成數位輸出功能

6.7.2 數位輸入

上拉輸入與數位輸入都是數位訊號輸入，所以解析回應的地方都一樣，差別在腳位模式不同而已。

設定模式命令在數位輸出時已經完成，所以只差解析數位資料回應而已！

這時候有一個問題「所以要如何取得腳位數值？」，最直覺的想法是不斷發送查詢命令、取得數值，不過 Firmata 有個貼心的設計，可以讓 MCU 偵測腳位狀態變化，自動回傳狀態。

在「Message Types」找到 report digital port。

type	command	MIDI channel	first byte	second byte
analog I/O message	0xE0	pin #	LSB(bits 0-6)	MSB(bits 7-13)
digital I/O message	0x90	port	LSB(bits 0-6)	MSB(bits 7-13)
report analog pin	0xC0	pin #	disable/enable(0/1)	- n/a -
report digital port	0xD0	port	disable/enable(0/1)	- n/a -

▲ 圖 6-27 Message Types 表格

Tips：

Message Types：

https://github.com/firmata/protocol/blob/master/protocol.md#message-types

可以看到 report digital port 的命令為 0xD0，根據說明，可以得知：

- 狀態回報以 Port 為單位
- 命令長度為 2 byte
- byte[0] 為 0xD0 + port
- byte[1] 為是否啟用

實際上 Uno 操作腳位狀態是操作 Port Register 數值，每個 Port 之 Register 為 1 byte，所以可以控制 8 隻腳位狀態。

不過這裡的 port 並非實際上 Register 編號，單純是依順序分組。

例如：Pin 0 至 Pin 7 為 Port 0，Pin 8 至 Pin 15 為 Port 1，以此類推。

Tips：

詳細內容可以查看以下連結：

Arduino and Port Manipulation：https://www.instructables.com/Arduino-and-Port-Manipulation/

舉例來說：

- 設定 Pin 4 為數位輸入。

  Pin 4 為 Port 0，所以 [0xD0 + 0, 0x01]，得命令為 [0xD0, 0x01]

- 設定 Pin 10 為數位輸入。

  Pin 10 為 Port 1，所以 [0xD0 + 1, 0x01]，得命令為 [0xD1, 0x01]

讓我們調整一下剛才 cmd-define 中的 setMode 命令，讓模式為數位輸入時，自動加入「開啟自動回報命令」。

src\common\firmata\cmd-define.ts

```
...
export const cmds: FirmataCmd[] = [
  ...
  // set-mode: 設定腳位模式
  {
    key: 'set-mode',
    getValue({ pin, mode }) {
      const cmds = [0xF4, pin, mode]

      // Mode 如果為 Digital Input，加入開啟自動回報命令
      if ([
        PinMode.DIGITAL_INPUT, PinMode.INPUT_PULLUP
      ].includes(mode)) {
```

```
        const port = 0xD0 + ((pin / 8) | 0);
        cmds.push(port, 0x01);
      }

      return cmds;
    },
  },
  ...
]
```

由於上拉輸入的電路比較簡單，所以我們主要以「上拉輸入」做為示範，讀者們請先完成上拉輸入電路，然後嘗試看看選擇腳位模式為「上拉輸入」後，按按看按鈕，有沒有在 DevTool 的 console 中，跑出如圖 6-28 一般的未定義的資料回應。

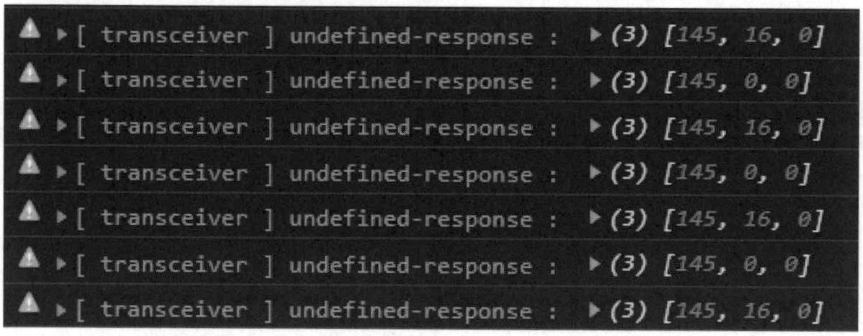
[transceiver] undefined-response : (3) [145, 16, 0]
[transceiver] undefined-response : (3) [145, 0, 0]
[transceiver] undefined-response : (3) [145, 16, 0]
[transceiver] undefined-response : (3) [145, 0, 0]
[transceiver] undefined-response : (3) [145, 16, 0]
[transceiver] undefined-response : (3) [145, 0, 0]
[transceiver] undefined-response : (3) [145, 16, 0]

▲ 圖 6-28　數位輸入自動回應

資料進來了！再來就是解析資料了。

在 response-define 新增定義 digital-message，並重構一下 FirmataData 設計。

src\common\firmata\response-define.ts

```
...

/** 回應 Key 種類 */
export enum ResponseKey {
  ...
  DIGITAL_MESSAGE = 'digital-message',
}
...
/** 數位訊號資料 */
export interface DigitalData {
  /** port 編號*/
  port: number;
  /** 以二進位形式儲存整個 Port 腳位狀態 */
  value: number;
}

export type FirmataData = ReturnType<FirmataResponse['getData']>;
...
type ResponseDigitalData = ResponseDefine<'digital-message',
'digital-data', DigitalData[]>;

export type FirmataResponse = ResponseFirmwareName |
ResponseCapability
  | ResponseAnalogMapping | ResponseDigitalData;

/** 回應定義清單 */
export const responses: FirmataResponse[] = [
  ...
  // digital-message: 數位訊息回應
  {
    key: 'digital-message',
    eventName: 'digital-data',
```

```
    match(res) {
    },
    getData(values) {
    },
  },
]
```

所以 match() 和 getData() 內容要怎麼實作呢？在「Data Message Expansion」可以找到數位回應資料的說明：

> *Two byte digital data format, second nibble of byte 0 gives the port number (eg 0x92 is the third port, port 2)*

回應資料為：

```
0 digital data, 0x90-0x9F, (MIDI NoteOn, bud different data format)
1 digital pins 0-6 bitmask
2 digital pin 7 bitmask
```

也就是說數值開頭只要包含 0x90-0x9F 就表示為數位資料回應，所以 match() 為：

```
match(res) {
  const hasCmd = res.some((byte) => byte >= 0x90 && byte <= 0x9F);
   return hasCmd;
},
```

getData() 的部份則稍微複雜一點，說明如下：

- 多個數位資料回報可能會再一起回傳。
- 需要將數值依照 bitmask 合併。

Tips：

Bitmask 就是在「2.3 章」提到的「分屍傳輸」，將大於 1 byte 的數值拆分傳輸，現在則是要組裝回來。

所以先在 utils.ts 建立一個專門組裝數值的函數。

src\common\utils.ts

```
...
/** 將有效 Bytes 轉為數值
 * @param bytes 有效位元矩陣。bytes[0] 為 LSB
 * @param bitsNum 每 byte 有效位元數，預設為 7
 */
export function significantBytesToNumber(bytes: number[],
bitsNum = 7) {
  const number = bytes.reduce((acc, byte, index) => {
    const mesh = 2 ** bitsNum - 1;

    const validBits = byte & mesh;
    acc += (validBits << (bitsNum * index))

    return acc;
  }, 0);

  return number;
}
```

從說明可知當初拆分是以 7 個一組，所以 bitsNum 參數預設 7。

接著讓我們完成 getData() 部份。

```
    getData(values) {
      // 取得所有特徵點位置
```

```
    const indexes = values.reduce<number[]>((acc, byte, index)
=> {
      if (byte >= 0x90 && byte <= 0x9F) {
        acc.push(index);
      }
      return acc;
    }, []);

    const responses = indexes.reduce<DigitalData[]>((acc,
index) => {
      const bytes = values.slice(index + 1, index + 3);

      const port = values[index] - 0x90;
      const value = significantBytesToNumber(bytes);

      acc.push({
        port, value,
      });
      return acc;
    }, []);

    return responses;
  },
```

事件完成後，一樣要在 port-transceiver 中加入事件定義。

src\common\port-transceiver.ts

```
export interface PortTransceiver {
  ...
  on(event: `${ResponseEventName.DIGITAL_DATA}`, listener:
(data: DigitalData[]) => void, options?: ListenerOption): this |
Listener;
```

```
  ...
  once(event: `${ResponseEventName.DIGITAL_DATA}`, listener:
(data: DigitalData[]) => void, options?: ListenerOption): this |
Listener;
}
```

最後在 window-digital-io-item 加入 on('digital-data') 事件，接收看看資料。

src\components\window-digital-io-item.vue

```
...
<script setup lang="ts">
...

function initPinMode(pin: Pin, mode: PinMode) {
  if (!portStore.transceiver) return;
  if (!selectedCapability.value) return;

  portStore.transceiver.addCmd('set-mode', {
    pin: pin.number,
    mode,
  });

  portStore.transceiver.on('digital-data', (data) => {
    console.log(`[ digital-data ] data : `, ...data);
  });
}
...
</script>
...
```

依「連接電路 6.6.3 之上拉電路」為例子，如圖 6-29 一般，新增新增 12 號腳位為「Input Pullup」。

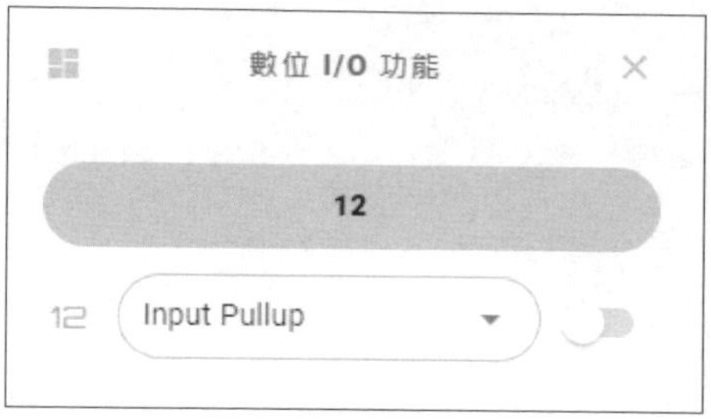

▲ 圖 6-29　新增 12 號上拉輸入

接著多按幾下開關，就會在 console 中出現如圖 6-30 的訊息了！

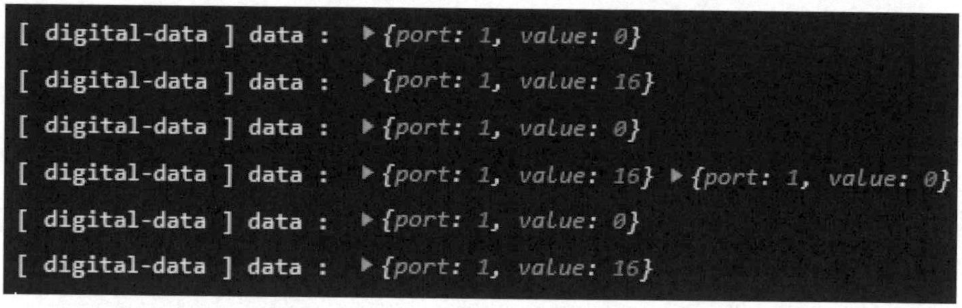
[digital-data] data : ▸{port: 1, value: 0}
[digital-data] data : ▸{port: 1, value: 16}
[digital-data] data : ▸{port: 1, value: 0}
[digital-data] data : ▸{port: 1, value: 16} ▸{port: 1, value: 0}
[digital-data] data : ▸{port: 1, value: 0}
[digital-data] data : ▸{port: 1, value: 16}

▲ 圖 6-30　數位訊號回應

現在讓我們完成完整 window-digital-io-item 功能吧！首先 initMode()，需要針對不同模式進行對應動作。

- 數位輸入、上拉輸入模式需要進行監聽。
- 新增 listener 儲存監聽器，並於元件銷毀或腳位模式切換時刪除監聽器。

src\components\window-digital-io-item.vue

```
...
<script setup lang="ts">
...
const listener = ref<Listener>();
function initPinMode(pin: Pin, mode: PinMode) {
```

```
  ...
  portStore.transceiver.addCmd('set-mode', ...);

  // 數位輸入
  if ([INPUT_PULLUP, DIGITAL_INPUT].includes(mode)) {
    listener.value = portStore.transceiver.on(
      'digital-data',
      (data) => {
        console.log(`[ digital-data ] data : `, ...data);
      },
      {
        objectify: true,
      }
    ) as Listener;
    return;
  }

  // 數位輸出
  if ([DIGITAL_OUTPUT].includes(mode)) {
    listener.value?.off?.();
    pinValue.value = false;
    return;
  }

  console.error(`[ initMode ] 未定義模式 : `, mode);
}
onBeforeUnmount(() => {
  listener.value?.off?.();
});
...
</script>
...
```

數位資料中的 value 是指整個 Port 的數值，也就是 8 隻腳的數值以二進位方式組合，詳細說明如下：

假設 port value 為 146，轉為 2 進位：

```
10010010
```

腳位與狀態對應如下：

```
腳位編號：7 6 5 1 3 2 1 0
電位狀態：1 0 0 1 0 0 1 0
```

可以得知：

```
Pin 0 為低電位、Pin 4 為高電位等等
```

一樣先在 utils.ts 建立一個從數值中取得指定 bit 的函數。

src\common\utils.ts

```
...
/** 取得數值特定 Bit
 * @param number 來源數值
 * @param bitIndex bit Index。從最小位元並以 0 開始
 */
export function getBitWithNumber(number: number, bitIndex: number) {
  const mesh = 1 << bitIndex;
  const value = number & mesh;
  return !!value;
}
```

接著讓解析後的數位資料反映在開關上，讓我們一步一步來。

首先計算此腳位隸屬的 Port 號。

```
/** 此腳位對應的 port 編號 */
const portNumber = computed(() => {
  const port = (props.pin.number / 8) | 0;
  return port;
});
```

建立 handleData()，負責處理接收到的資料並儲存至 pinValue。從數位訊號的 value 取得指定 bit 資料。

```
function handleData(data: DigitalData[]) {
  // 取得最後一次數值即可
  const target = findLast(data, ({ port }) =>
    portNumber.value === port
  );

  if (!target) return;

  const { value } = target;

  const bitIndex = props.pin.number % 8;
  pinValue.value = getBitWithNumber(value, bitIndex);
}
```

腳位模式種類為輸入時，停止發送 pinValue 數值。

```
/** 目前腳位狀態 */
const pinValue = ref(false);
watch(pinValue, (value) => {
  if (!portStore.transceiver) return;

  // 只有輸出模式才要設定數值
  if (selectedCapability.value?.mode === DIGITAL_OUTPUT) {
    portStore.transceiver.addCmd('set-digital-pin-value', {
```

```
      pin: props.pin.number,
      value,
    });
  }
});
```

合併所有程式後得：

src\components\window-digital-io-item.vue

```
<script setup lang="ts">
...
watch(pinValue, (value) => {
  ...
  // 只有輸出模式才要設定數值
  if (selectedCapability.value?.mode === DIGITAL_OUTPUT) {
    portStore.transceiver.addCmd('set-digital-pin-value', {
      pin: props.pin.number,
      value,
    });
  }
});

/** 此腳位對應的 port 編號 */
const portNumber = computed(() => { ... });

function handleData(data: DigitalData[]) { ... }

/** 選擇腳位模式 */
const selectedCapability = ref<Capability>();
watch(selectedCapability, (value) => {
  if (!value) return;
```

```
  initPinMode(props.pin, value.mode);
});

const listener = ref<Listener>();
function initPinMode(pin: Pin, mode: PinMode) {
  ...
  // 數位輸入
  if ([INPUT_PULLUP, DIGITAL_INPUT].includes(mode)) {
    listener.value = portStore.transceiver.on('digital-data',
handleData, {
      objectify: true,
    }) as Listener;
    return;
  }
  ...
}
...
</script>
```

現在按下電路上的開關，應該就會看到 12 號腳位的開關會及時同步狀態了！(*^▽^*)

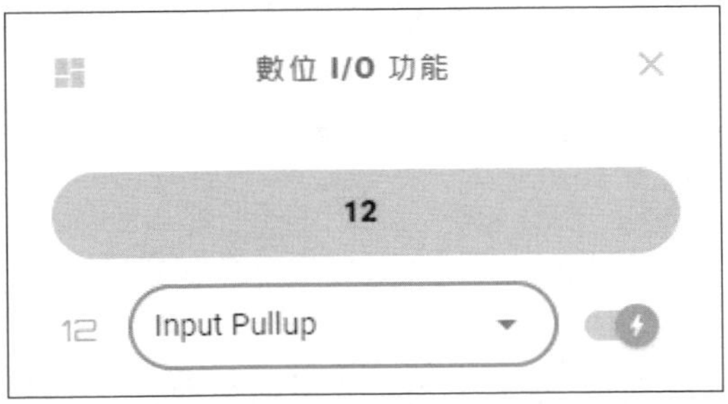

▲ 圖 6-31　開關狀態即時同步

最後增加一點 UX 和其他細節，當腳位模式種類為輸入時，鎖定開關。

```
<template>
  <div class="flex flex-nowrap w-full">
    ...
    <q-toggle
      ...
      :disable="isToggleLock"
    />
  </div>
</template>

<script setup lang="ts">
...
const isToggleLock = computed(() => {
  if (!selectedCapability.value) {
    return true;
  }

  // 只有 OUTPUT 模式可以使用
  if (selectedCapability.value.mode === DIGITAL_OUTPUT) {
    return false;
  }

  return true;
});
</script>
...
```

現在當腳位模式為輸入腳位時，可以發現滑鼠無法控制開關而且游標會顯示禁止符號。

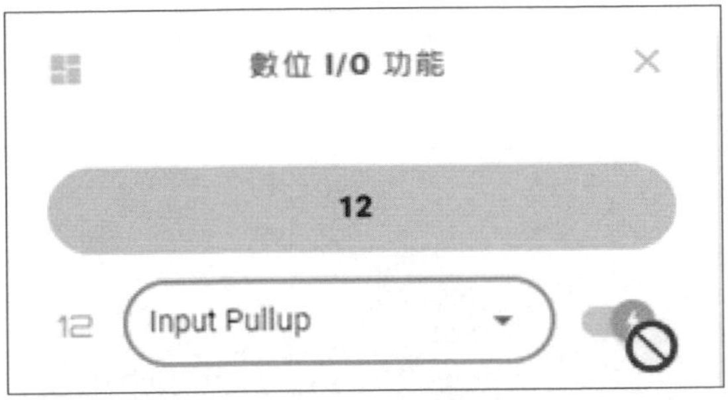

▲ 圖 6-32　輸入模式禁止使用 toggle

恭喜各位讀者，到此成功完成「數位 I/O 視窗」，我們也成功完成最複雜的章節了！ * ٩(ˊᗜˋ*)و *

Tips：

以上程式碼已同步至 GitLab 中，可以開啟以下連結查看：
https://gitlab.com/drmaster/mcu-windows/-/tree/feature/digital-window-item

▲ 圖 6-33　數位 I/O 視窗功能展示影片
（連結：https://youtu.be/SDQAN3robok）

CHAPTER

07

類比 × 電壓 × 輸入

接下來我們開始建立「類比輸入視窗」。

7.1 何謂類比訊號

和數位訊號只有 0 與 1 兩種狀態不同，類比訊號是連續的訊號，實際上自然界的物理量都屬於類比訊號，例如：聲音、光、電壓等等。

Tips：

更詳細的定義與說明可以參考以下連結：

- wiki - 類比訊號：https://zh.wikipedia.org/wiki/ 類比訊號
- wiki - 數位訊號：https://zh.wikipedia.org/wiki/ 數位訊號

Uno 上的類比輸入指的是「電壓」訊號，Uno 可以讀取 0 至 5V 的電壓並轉換為數位訊號回傳。

具體實現方式為透過 ADC（Analog to Digital Convert）轉換電壓訊號，Uno 使用的轉換器解析度為 10 位元，所以會將 0 至 5V 的電壓轉換為 0 至 1023（2 的 10 次方 - 1）的數值呈現。

7.2 建立類比輸入視窗

現在來實際建立類比輸入視窗元件。

基於先前的努力，所以往後的章節我們都可以使用先前設計的模組或元件，會變得簡單很多！ (≧∀≦)

❑ 建立 window-analog-input

src\components\window-analog-input.vue

```
<template>
  <base-window
    :id="id"
    class="window-analog-input"
    header-icon-color="red-3"
    body-class="flex flex-col p-5"
    :init-position="props.initPosition"
    title='類比輸入功能'
  >
  </base-window>
</template>

<script setup lang="ts">
import { getCurrentInstance } from 'vue';

import BaseWindow from './base-window.vue';

interface Props {
  /** 視窗起始位置 */
  initPosition?: {
    x: number;
    y: number;
  };
  id?: string;
}
const props = withDefaults(defineProps<Props>(), {
  initPosition: () => ({ x: 0, y: 0 }),
  id: undefined,
});
```

```
const id = props.id ?? getCurrentInstance()?.vnode.key;
</script>

<style scoped lang="sass">
.window-analog-input
  width: 330px
  height: 440px
</style>
```

鱈魚：「瞬間完成基本外觀！ (≖‿ゝ≖)✧」

電子助教：「明明就是複製，在那邊驕傲甚麼鬼 ╭(°A ,°`)╮」

現在讓我們先把類比視窗加到首頁右鍵選單中，首先在 window.store 中引入類比視窗元件。

src\stores\window.store.ts

```
...
import WindowAnalogInput from '../components/window-analog-input.
vue';

/** 列舉並儲存視窗元件 */
const windowComponentMap = {
  ...
  'window-analog-input': markRaw(WindowAnalogInput),
}
...
```

最後來到 App.vue 中新增右鍵選項。

src\App.vue

```
<template>
  ...
```

```
  <!-- 右鍵選單-->
  <q-menu .. >
    <q-list class="w-64">
      ...
      <q-item
        v-close-popup
        clickable
        @click="windowStore.add('window-analog-input')"
      >
        <q-item-section>新增「類比輸入視窗」</q-item-section>
      </q-item>
    </q-list>
  </q-menu>
</template>
...
```

7.3 加入視窗內容

現在讓我們加入類比視窗內容，基本上與數位視窗相同，所以第一步就讓我們直接引入 pin-select 元件。

src\components\window-analog-input.vue

```
<template>
  <base-window
    ...
    title="類比輸入功能"
  >
    <pin-select color="red-3" />
  </base-window>
</template>
```

```
<script setup lang="ts">
...
import PinSelect from './pin-select.vue';
...
</script>
...
```

然後提供支援類比功能的腳位給 pin-select 元件。

```
<template>
  <base-window ... >
    <pin-select
      color="red-3"
      class="mb-2"
      :pins="supportPins"
    />
  </base-window>
</template>

<script setup lang="ts">
...
import { PinMode } from '../common/firmata/firmata-utils';
import { useBoardStore } from '../stores/board.store';
...

const { ANALOG_INPUT } = PinMode;
...

const boardStore = useBoardStore();
...
/** 支援腳位 */
const supportPins = computed(() => {
```

```
  return boardStore.pins.filter((pin) => {
    return pin.capabilities.some((capability) =>
      ANALOG_INPUT === capability.mode

    );
  });
});
</script>
...
```

現在應該會長這樣。

▲ 圖 7-1　類比功能腳位與視窗

可以看到只剩下 Pin 14 到 19，剛好對應 Arduino Uno 的 A0 到 A5，共 6 個腳位。

接著一樣與數位視窗相同概念，實現以下功能：

- 增加 existPins 變數，儲存目前已建立腳位
- 綁定 pin-select 之 selected 事件，接收被選擇的腳位。
- 綁定 pin-select 之 error 事件，顯示錯誤訊息。

src\components\window-analog-input.vue

```
<template>
  <base-window ... >
    <pin-select
      ...
      @selected="handelPinSelected"
      @error="handleError"
    />
  </base-window>
</template>

<script setup lang="ts">
...
import { Pin } from '../common/firmata/response-define';
...
import { useQuasar } from 'quasar';
import { useBoardStore } from '../stores/board.store';
import { useWindowStore } from '../stores/window.store';
...
const windowStore = useWindowStore();
const $q = useQuasar();
...
const existPins = ref<Pin[]>([]);
function handelPinSelected(pin: Pin) {
  existPins.value.push(pin);
  windowStore.addOccupiedPin(id, pin);
```

```
}
function handleError(message: string) {
  $q.notify({
    type: 'negative',
    message,
  });
}
</script>
...
```

馬上就完成選擇與腳位占用功能了！ヽ(≧∀≦)ﾉ

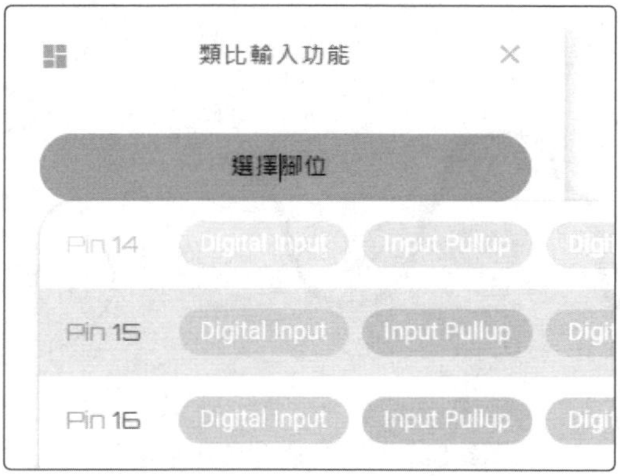

▲ 圖 7-2　類比腳位占用功能

可以注意到以上過程幾乎和數位視窗相同，只改了顏色，這就是元件復用的魔力，可以讓開發過程先苦後甘，讓未來的開發變得輕鬆許多。

7.4 類比輸入（Analog Input）

在我們實作解析類比訊號與控制項之前，必須先讓我們認識認識類比輸入。

在 Supported Modes 中，類比相關功能只有一個：

```
ANALOG_INPUT   (0x02)
```

類比訊號和數位訊號不同，呈現連續變化。

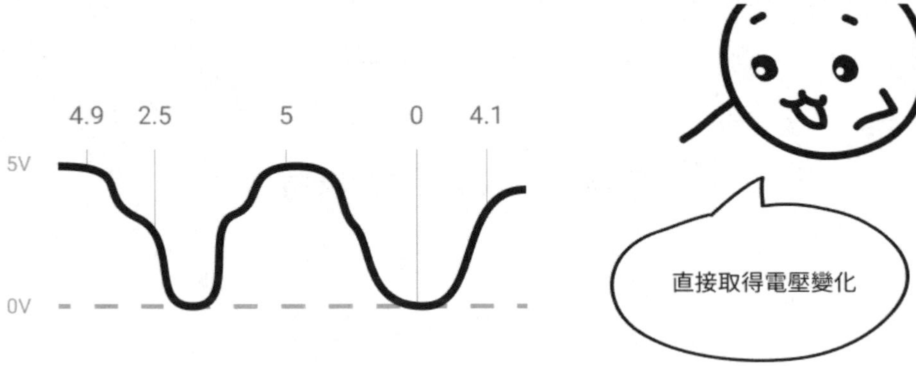

▲ 圖 7-3　類比訊號示意圖

Uno 會透過 ADC 將電壓訊號轉換成 0 到 1023 的數值呈現，也就是說：

- 若顯示數值為 512，則實際電壓為 512 * 5 / 1023 = 2.502V。
- 若顯示數值為 900，則實際電壓為 900 * 5 / 1023 = 4.398V。

其他數值以此類推。

7.5 硬體實作

7.5.1 準備零件

需要準備以下設備與零件：

- 三用電表 * 1
- 麵包板 * 1
- 可變電阻 * 1

阻值大小沒有特別限制，不要太小就行，這裡使用 50K 歐姆可變電阻

B 50K

▲ 圖 7-4　可變電阻

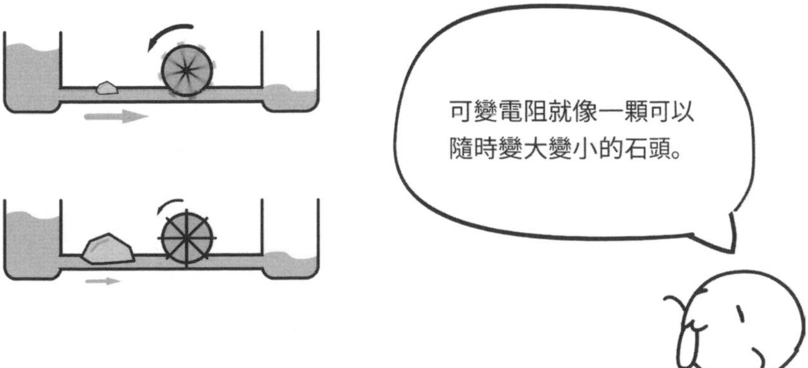
可變電阻就像一顆可以
隨時變大變小的石頭。

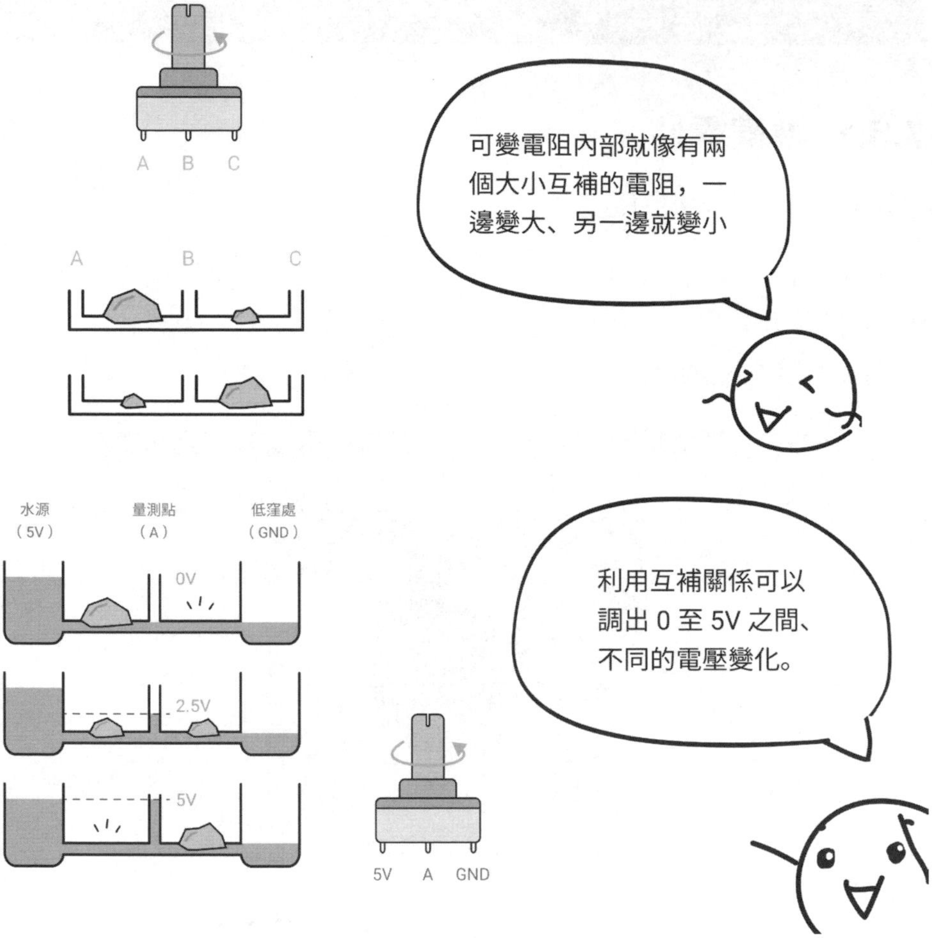

▲ 圖 7-5 可變電阻原理

Tips：

想更詳細了解內部結構的讀者們可以參考以下連結：

甚麼是可變電阻：

https://tech.alpsalpine.com/c/products/faq/potentiometer/features.html

7.5.2 檢查硬體

再來讓我們好好檢查硬體，一樣先確認小夥伴們沒有死翹翹。(◦‧ ω ‧ ◦)

■ 可變電阻

利用三用電表檢查。

1

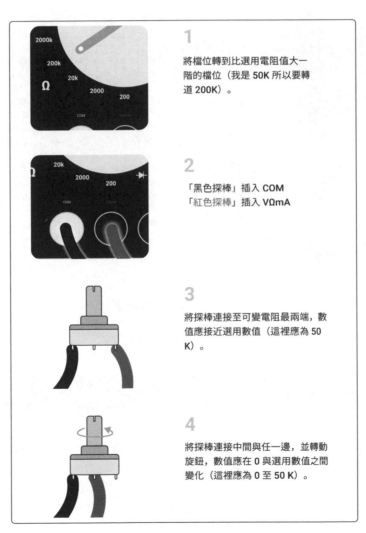

將檔位轉到比選用電阻值大一階的檔位（我是 50K 所以要轉道 200K）。

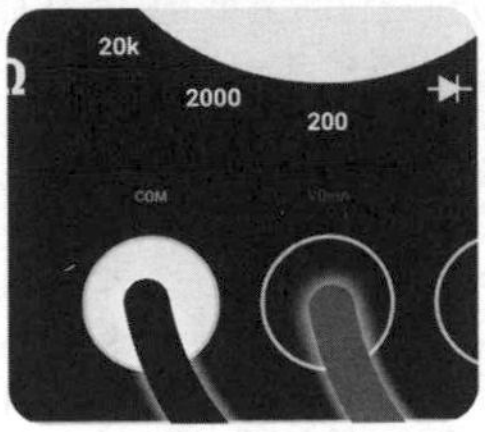

2

「黑色探棒」插入 COM
「紅色探棒」插入 VΩmA

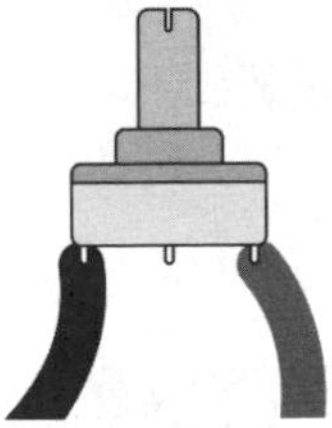

3

將探棒連接至可變電阻最兩端，數值應接近選用數值（這裡應為 50 K）。

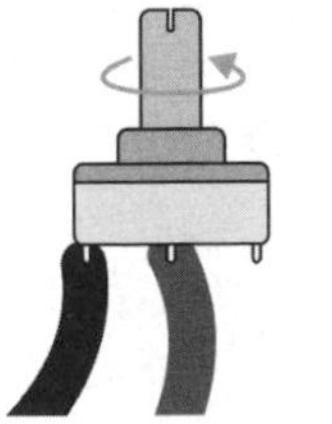

4

將探棒連接中間與任一邊，並轉動旋鈕，數值應在 0 與選用數值之間變化（這裡應為 0 至 50 K）。

▲ 圖 7-6　檢查可變電阻

7.5.3 連接電路

以下為參考接線方式，可以不用完全相同，只要效果相同即可。

使用 Uno 板子上的 5V 為 +、GND 為 -。

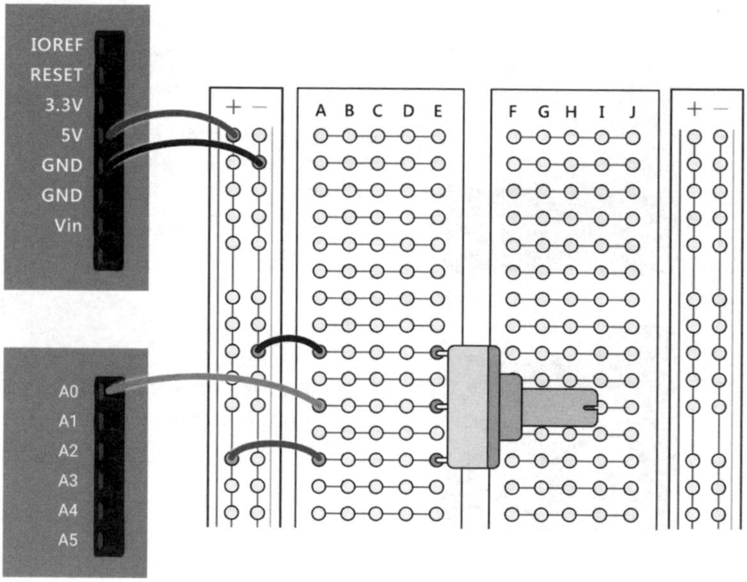

▲ 圖 7-7　類比輸入接線

7.6 建立類比輸入控制元件

認識何謂類比輸入之後，就讓我們實際建立透過 select 選擇的腳位，並建立相關 Firmata 功能吧！ヽ(●`∀´●)ﾉ

過程和建立 window-digital-io-item 基本上相同，讓我們輕鬆寫意的開始吧！

稍微規劃一下預期 UI 內容。

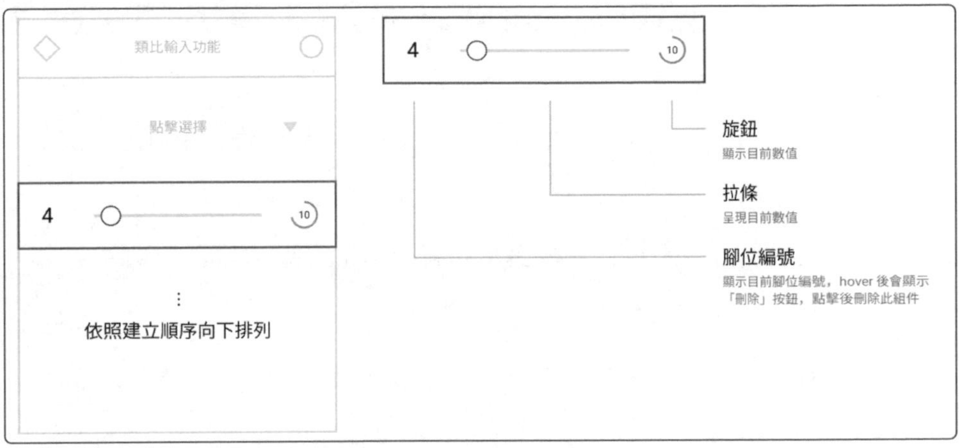

▲ 圖 7-8　類比輸入控制元件 UI

建立 window-analog-input-item.vue 元件，用來顯示類比數值。

具體實現功能：

- 旋鈕

  使用 Quasar Knob。

- 滑桿

  使用 Quasar Slider。

- 刪除按鈕（腳位編號）

  使用 Quasar Button。

程式的部份為：

- 取得類比腳位映射
- 刪除功能同 window-digital-io-item.vue
- 儲存目前類比數值

一樣先來設計 Props，基本上與數位控制項目相同。

src\components\window-analog-input-item.vue

```
<template>
</template>

<script setup lang="ts">
import { ref } from 'vue';
import { Pin } from '../common/firmata/response-define';

interface Props {
  pin: Pin;
}
const props = withDefaults(defineProps<Props>(), {});
</script>

<style scoped lang="sass">
</style>
```

接著根據解析度計算類比模式最大數值，並新增處理刪除事件功能。

```
...
<script setup lang="ts">
import { computed, ref } from 'vue';
import { PinMode } from '../common/firmata/firmata-utils';
import { Pin } from '../common/firmata/response-define';
...
const pinValue = ref(0);

/** 從解析度計算得最大數值 */
const maxValue = computed(() => {
  const target = props.pin.capabilities.find(
    (capability) => capability.mode === PinMode.ANALOG_INPUT
```

```
  );
  if (!target) return 0;

  return 2 ** target.resolution - 1;
});

function handleDelete() {
  emit('delete', props.pin);
}
</script>
...
```

現在讓我們完成 template 與 CSS 內容，CSS 基本上與數位控制項目相同。

```
<template>
  <div class="flex flex-nowrap items-center w-full">
    <div class="pin-number">
      <div class="text-xl">
        {{ pin.number }}
      </div>
      <q-btn
        class="bg-white"
        icon="delete"
        dense
        flat
        rounded
        color="grey-5"
        @click="handleDelete"
      />
    </div>
    <q-slider
      v-model="pinValue"
      class="mx-5"
```

```
      readonly
      color="red-3"
      :min="0"
      :max="maxValue"
    />
    <q-knob
      v-model="pinValue"
      size="60px"
      show-value
      readonly
      color="red-3"
      track-color="grey-3"
      font-size="12px"
      :min="0"
      :max="maxValue"
    />
  </div>
</template>
...
<style scoped lang="sass">
.pin-number
  width: 36px
  padding: 10px 0px
  margin-right: 10px
  font-family: 'Orbitron'
  color: $grey
  text-align: center
  position: relative
  &:hover
    .q-btn
      pointer-events: auto
      opacity: 1
  .q-btn
```

```
    position: absolute
    top: 50%
    left: 50%
    transform: translate(-50%, -50%)
    pointer-events: none
    transition-duration: 0.4s
    opacity: 0
</style>
```

最後在 window-analog-input 中引入 window-analog-input-item 看看吧。

src\components\window-analog-input.vue

```
<template>
  <base-window ... >
    ...
    <transition-group
      name="list"
      tag="div"
      class="relative"
    >
      <window-analog-input-item
        v-for="pin in existPins"
        :key="pin.number"
        :pin="pin"
        @delete="handlePinDelete"
      />
    </transition-group>
  </base-window>
</template>

<script setup lang="ts">
...
import WindowAnalogInputItem from './window-analog-input-item.
```

```
vue';
...

function handlePinDelete(pin: Pin) {
  windowStore.deleteOccupiedPin(id, pin);

  const index = existPins.value.findIndex((existPin) =>
    existPin.number === pin.number
  );
  existPins.value.splice(index, 1);
}
</script>
...
```

現在選擇腳位後應該會如圖 7-9。

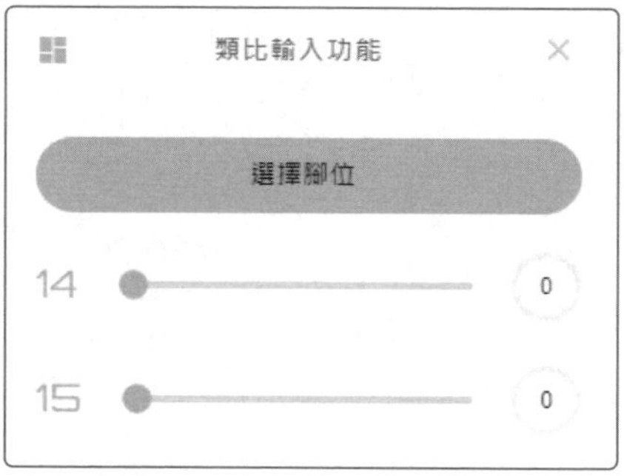

▲ 圖 7-9　類比控制項目

是不是輕鬆寫意很多啊！ ᕕ(´∀` ᕕ)

接下來就是實作類比輸入功能了！

如同數位控制，我們需要先設定腳位模式。

會發現控制命令之前已經做好了，這裡只要呼叫即可！ ٩(ˊᗜˋ*)و

新增 init() function 用來初始化所有腳位功能。

src\components\window-analog-input-item.vue

```
...
<script setup lang="ts">
...
const portStore = usePortStore();
...
function init() {
  if (!portStore.transceiver) return;

  portStore.transceiver.addCmd('set-mode', {
    pin: props.pin.number,
    mode: PinMode.ANALOG_INPUT,
  });
}
init();
</script>
...
```

簡簡單單！(´,,•ω•,,)，類比輸入與數位輸入不同，會自動回應資料狀態，所以最後就只剩解析數值的部分了！

定義類比輸入回應資料。

src\common\firmata\response-define.ts

```
...
/** 回應 Key 種類 */
export enum ResponseKey {
  ...
  ANALOG_MESSAGE = 'analog-message',
}
/** 事件名稱種類 */
```

```
export enum EventName {
  ...
  ANALOG_DATA = 'analog-data',
}
...
/** 類比訊號資料 */
export interface AnalogData {
  /** 類比編號，實際腳位編號需要使用 AnalogPinMap 查詢 */
  analogNumber: number;
  /** ADC 轉換後的數值 */
  value: number;
}
...
type ResponseAnalogData = ResponseDefine<'analog-message',
'analog-data', AnalogData[]>;

export type FirmataResponse = ResponseFirmwareName |
ResponseCapability
  | ResponseAnalogMapping | ResponseDigitalData |
ResponseAnalogData;

/** 回應定義清單 */
export const responses: FirmataResponse[] = [
  ...
  // analog-message: 類比訊息回應
  {
    key: 'analog-message',
    eventName: 'analog-data',
    match(res) { },
    getData(values) { },
  },
]
```

又來到了經典問題：「如何實作 match() 和 getData() 內容？」，在「Data Message Expansion」可以找到類比回應資料的說明：

Analog 14-bit data format

回應資料為：

```
0 analog pin, 0xE0-0xEF, (MIDI Pitch Wheel)
1 analog least significant 7 bits
2 analog most significant 7 bits
```

可以發現概念與數位資料回應概念相同，也就是說數值開頭只要包含 0xE0-0xEF 就表示為類比資料回應，所以 match() 為：

```
match(res) {
  return res.some((byte) => byte >= 0xE0 && byte <= 0xEF);
},
```

再來是 getData() 的實作，基本上概念與數位輸入資料完全相同。

```
getData(values) {
  // 取得所有特徵點位置
  const indexes = values.reduce<number[]>((acc, byte, index) => {
    if (byte >= 0xE0 && byte <= 0xEF) {
      acc.push(index);
    }
    return acc;
  }, []);

  const analogValues = indexes.reduce<AnalogData[]>((acc, index)
=> {
    const valueBytes = values.slice(index + 1, index + 3);

    const analogNumber = values[index] - 0xE0;
```

```
    const value = significantBytesToNumber(valueBytes);

    acc.push({
      analogNumber, value,
    });
    return acc;
  }, []);

  return analogValues;
},
```

一樣要記得先在 PortTransceiver 新增事件定義。

src\common\port-transceiver.ts

```
export interface PortTransceiver {
  ...
  on(event: `${ResponseEventName.ANALOG_DATA}`, listener:
(data: AnalogData[]) => void, options?: ListenerOption): this |
Listener;
...
  once(event: `${ResponseEventName.ANALOG_DATA}`, listener:
(data: AnalogData[]) => void, options?: ListenerOption): this |
Listener;
}
```

最後在 window-analog-input-item 的 init() 中加入監聽器，監聽數值回傳。

src\components\window-analog-input-item.vue

```
<script setup lang="ts">
import { Listener } from 'eventemitter2';
import { computed, onBeforeUnmount, ref } from 'vue';
...
const listener = ref<Listener>();
```

```
function init() {
  ...
  listener.value = portStore.transceiver.on('analog-data', (data)
=> {
    console.log(`[ analog-data ] data : `, ...data);
  }, {
    objectify: true,
  }) as Listener;
}
init();
</script>
```

現在會在類比輸入控制項目建立的時候跑出資料了！(´▽`)ﾉ

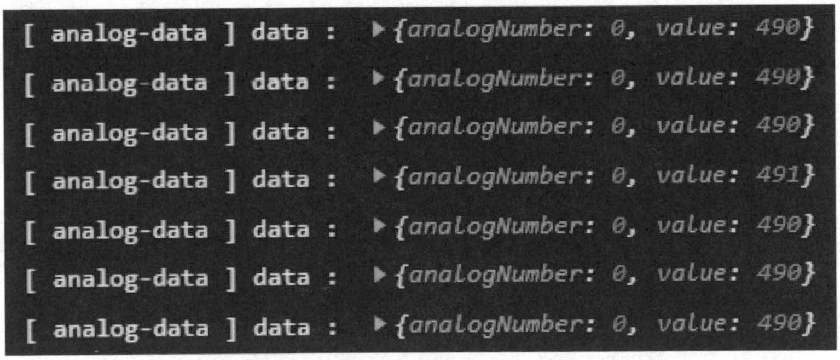
[analog-data] data : ▶{analogNumber: 0, value: 490}
[analog-data] data : ▶{analogNumber: 0, value: 490}
[analog-data] data : ▶{analogNumber: 0, value: 490}
[analog-data] data : ▶{analogNumber: 0, value: 491}
[analog-data] data : ▶{analogNumber: 0, value: 490}
[analog-data] data : ▶{analogNumber: 0, value: 490}
[analog-data] data : ▶{analogNumber: 0, value: 490}

▲ 圖 7-10　類比輸入資料回應

這時候大家可能會有個問題「為甚麼 analogPin 是 0，我明明選 Pin 14 捏」。

還記得在先前取得的「類比腳位映射表 analogPinMap」嗎？

這是因為 Firmata 回應類比訊息時，對應腳位的訊息是用「類比腳位編號」呈現，所以還要依據 analogPinMap 轉換才行。

現在讓我們完成最後處理資料的功能吧！

src\components\window-analog-input-item.vue

```
<script setup lang="ts">
import { Listener } from 'eventemitter2';
import { findLast } from 'lodash';
...
import { useBoardStore } from '../stores/board.store';
import { usePortStore } from '../stores/port.store';
...
const currentAnalogNumber = computed(() =>
  boardStore.analogPinMap?.[props.pin.number]
);

function handleData(data: AnalogData[]) {
  if (currentAnalogNumber.value === undefined) return;

  // 取得最後一個狀態即可
  const target = findLast(data,
    ({ analogNumber }) => analogNumber === currentAnalogNumber.
value
  );
  if (!target) return;

  pinValue.value = target.value;
}

const listener = ref<Listener>();
function init() {
  ...
  listener.value = portStore.transceiver.on('analog-data',
handleData, {
    objectify: true,
```

```
  }) as Listener;
}
init();
</script>
...
```

依照「7.5.3 之類比輸入電路」接線，現在在讓我們建立 14 號類比輸入腳位，並轉動看看可變電阻，就會注意到 Slider 與 Knob 會隨之移動了！(·ω·) ノ丶(·ω·)

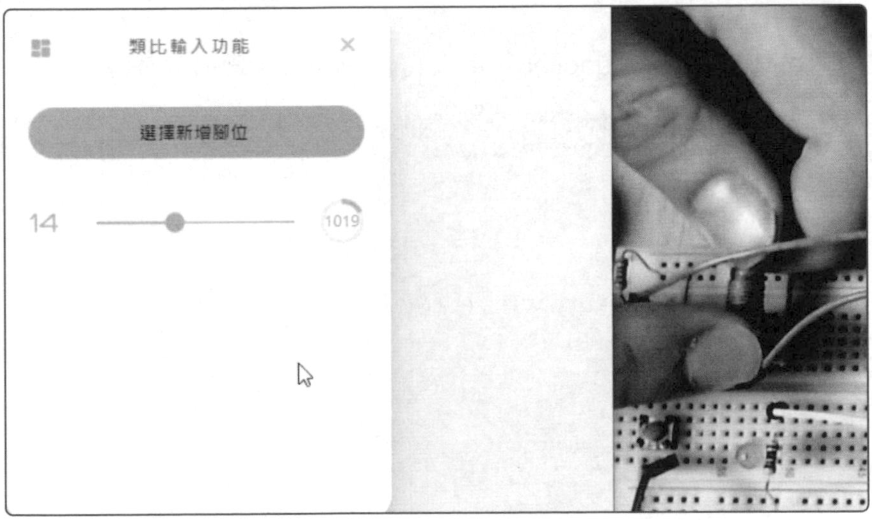

▲ 圖 7-11　新增 14 號類比輸入

不過細心的讀者可能會發現 Slider 與 Knob 怎麼有點卡卡的，那是因為 Firmata 回傳頻率是 19ms 一次，而 Slider 與 Knob 本身有過渡動畫，太過頻繁的變更反而會讓動畫不流暢。

所以讓我們加入 throttle 吧！(´▽`)ﾉ

throttle 就是節流閥的意思，可以將原有的觸發頻率改成自訂的頻率，可用於節省效能等等作用。

Tips：

詳細的展示與說明可以參考以下連結：

throttle 與 debounce，處理頻繁的 callback 執行頻率：https://blog.camel2243.com/2017/06/05/javascript-throttle-與-debounce，處理頻繁的-callback-執行頻率

新增有 throttle 效果的 function，用來設定 pinValue 數值並替換。

src\components\window-analog-input-item.vue

```
<script setup lang="ts">
import { findLast, throttle } from 'lodash';
...
const setPinValue = throttle((value) => {
  pinValue.value = value;
}, 200);

function handleData(data: AnalogData[]) {
  ...
  if (!target) return;

  setPinValue(target.value);
}
...
</script>
...
```

現在看起來順暢多了 (⌯‿ ゝ ⌯)✧，大家可以加上更多個可變電阻看看效果 ╮(•ω•)╭

至此我們成功完成「類比輸入視窗」了！接下來讓我們進入最有趣的章節，就是「打造一個網頁遊戲，並讀取搖桿的數位與類比訊號控制人物」吧！ ヽ(≧∀≦)ﾉ

> **Tips：**
>
> 以上程式碼已同步至 GitLab 中，可以開啟以下連結查看：
>
> https://gitlab.com/drmaster/mcu-windows/-/tree/feature/analog-window

▲ 圖 7-12　類比視窗功能展示影片

（連結：https://youtu.be/Jq5tgYjLlWA）

CHAPTER 08

來互相傷害啊！

鱈魚：「再來要設計對戰遊戲，可以切換場景，人物可以在場地隨意移動，發射武器互相攻擊，人物會與牆壁、敵人武器等等發生碰撞。」

電子助教：「感覺好多內容啊，好麻煩喔 _ (:3 」∠) _」
鱈魚：「嘿啊，我也覺得好麻煩 _ (:3 」∠) _」
電子助教：「感謝各位讀者的觀看，此系列在此結束。」
鱈魚：「不要擅自結束啊！我沒有說不做啊」
電子助教：「啊你不是嫌麻煩 (・｀ω´・)」
鱈魚：「有 Phaser 就不麻煩」
電子助教：「好吃嗎？ (´,,•ω•,,)」
鱈魚：「就說不要只會想吃的！ l(・ω´・l)」

Phaser 是一個遊戲引擎，我們先來聊聊甚麼是遊戲引擎。

遊戲引擎泛指集成各類遊戲所需工具之程式，通常內涵渲染器、物理引情、碰撞偵測、音效、腳本、動畫、場景管理等等功能，讓遊戲開發者不需要從零開始，可以快速、簡單的開發遊戲，專注於遊戲內容設計，而非程式實現。

基於 JavaScript 的遊戲引擎目前常見的有以下幾個：

- Egret Engine
  生態系完整，包含編輯器等等開發工具。

- GDevelop
  提供線上編輯器，入門容易。

- Phaser
  社群活絡，有相當多教學資源。

- Babylon.js
  可製作 3D 遊戲的遊戲引擎。

8.1 認識 Phaser

此遊戲專題本書採用 Phaser 進行開發。

▲ 圖 8-1　Phasar Logo（圖片來源：https://phaser.io）

Phaser 為開源的 JavaScript 2D 遊戲框架，支援 WebGL 與 Canvas 渲染模式，在官網上可以找到許多開發案例。

> **Tips：**
>
> Phaser 遊戲案例：
>
> https://phaser.io/news/category/game

Phaser 中重要的幾樣基礎概念分別為：

- Game：遊戲主體

  程式主要入口，定義畫面尺寸、渲染方式等等並掛載場景。

- World：世界

  提供遊戲實際範圍，並讓人物與攝影機在其中動作。

- Camera：相機

  照相機拍攝範圍即是畫面顯示的範圍，可以讓相機追蹤人物，達成第三人稱動作遊戲效果。

- Scene：場景

  定義遊戲舞台，載入素材，場景更新等等功能。

- Sprite：人物

  定義基本物件，用於顯示人物等等互動角色，可透過精靈圖產生動畫效果。設定物理屬性後，可產生物理互動效果。

- Group：群組

  可用於管理多個 Sprite。

- Animations：動畫系統

  用於管理精靈圖或序列圖等等，可以將其轉換為動畫。

- Physics：物理系統

  主要有 Arcade、Matter 兩種，也可以加入別種引擎。

以下依序接紹此單元主要用到的幾個重要內容。

8.1.1 Game

範例：

```
/** @type {Phaser.Types.Core.GameConfig} */
const config = {
  type: Phaser.WEBGL,
  width: 600,
  height: 800,
  parent: `#game`,
```

```
  scene: [ScenePreload, SceneWelcome, SceneMain, SceneOver],
  backgroundColor: '#FFF',
  disableContextMenu: true,

  physics: {
    default: 'arcade',
  },
};

const game = new Phaser.Game(config);
```

- type：渲染方式

可以設定為 Phaser.CANVAS、Phaser.WEBGL 或 Phaser.AUTO，使用 Phsaer.AUTO 會自動依據環境切換。

- width：畫布寬度
- hieght：畫布高度
- scene：場景清單
- parent：遊戲掛載位置，指定 DOM ID。
- backgroundColor：背景顏色
- physics：指定遊戲內使用的物理引擎。

Tips：

完整參數設定可詳見官方文檔：

https://photonstorm.github.io/phaser3-docs/Phaser.Types.Core.html#.GameConfig__anchor

8.1.2 Scene

主要有 4 個生命週期函數：

- init()：初始化變數與設定。
- preload()：載入各類素材。
- create()：建立 Sprite 或動畫等等物件。
- update()：畫面更新，預設每秒執行 60 次，控制人物移動、碰撞偵測等等。

範例：

```
function init() {
  this.health = 0;
}

function preload() {
  this.load.image('cat','@/assets/cat-vs-dog/cat-work.png')
}

function create() {
  this.catHealthText = this.add.text(20, 20, `貓命：${this.
health}`, {
    fill: '#000',
    fontSize: 14,
  });
}

function update() {
  this.catHealthText.setText(`貓命：${this.health}`);
}
```

Tips：

Docs - Phaser.Scene：

https://photonstorm.github.io/phaser3-docs/Phaser.Scene.html

8.1.3 Sprite

```
this.cat = this.physics.add.sprite(100, 450, 'cat');
```

像這樣就可以產生一個包含物理效果的人物了。

Tips：

Docs - Phaser.Physics.Arcade.Sprite：

https://photonstorm.github.io/phaser3-docs/Phaser.Physics.Arcade.Sprite.html

8.1.4 Animations

先在場景中載入、建立動畫。

```
function preload() {
  this.load.spritesheet('cat-work', '@/assets/cat-vs-dog/cat-work.png',
    { frameWidth: 300, frameHeight: 300 }
  );
}

function create() {
```

```
  this.anims.create({
    key: 'cat-work',
    frames: this.anims.generateFrameNumbers('cat-work', { start:
0, end: 1 }),
    frameRate: 4,
    repeat: -1,
  });
}
```

就可以在 Sprite 中使用動畫

```
this.cat.play('cat-work');
```

對 Phaser 有基本認識後，讓我們開始開發遊戲吧！

8.2 規劃遊戲：貓狗大戰

第一步老樣子，先來規劃遊戲藍圖吧。 ╮(•ω•)╭

基本結構為：

- 視窗主體
  負責提供腳位資料、設定欄位。
- 遊戲場景
  包含所有遊戲角色等等。

接著設計遊戲內預期出現場景。

8.2.1 歡迎場景

首先是歡迎場景。

▲ 圖 8-2　歡迎場景草圖

- 主角

  使用搖桿可以控制人物移動，可用於讓玩家確認控制器是否正常。

- 提示文字

  告知玩家按下搖桿按鈕即可開始。

8.2.2 主場景

進行遊戲的主要場景，中央河流分隔，人物不可跨越。

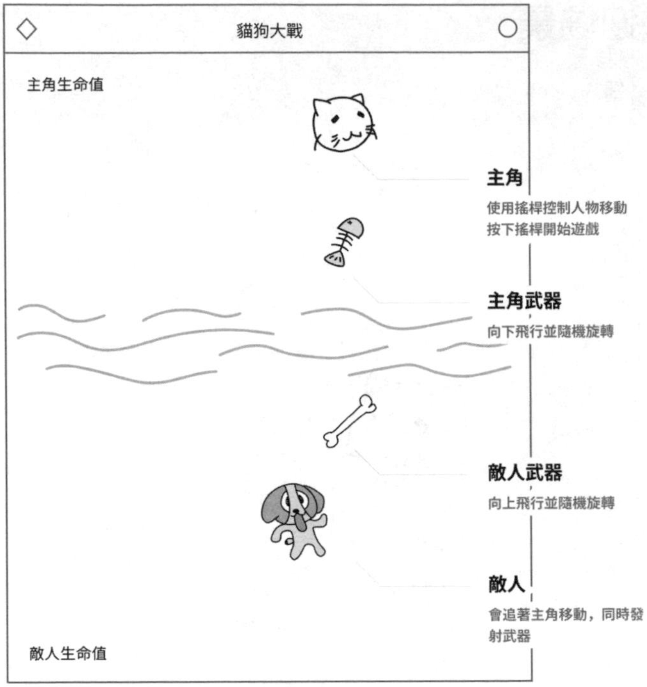

▲ 圖 8-3　主場景草圖

- 主角
  - 透過搖桿控制人物移動，按下按鈕發射武器
  - 按下按鈕發射武器，並播放發射動畫
  - 血量顯示在左上角，預設 5 點
  - 被敵人武器擊中時，播放被擊中動畫並減少生命值
  - 生命值歸零時，觸發死亡事件

- 主角武器
  - 會與敵人發生碰撞
  - 向下飛行、隨機旋轉
  - 最多只能存在 1 個武器，不能連續發射

■ 敵人
  - 上下隨機移動，左右則追著主角移動
  - 隨機發射武器並播放發射動畫
  - 血量顯示在左上角，預設 10 點
  - 被主角武器擊中時，播放被擊中動畫並減少生命值
  - 生命值歸零時，觸發死亡事件

■ 敵人武器
  - 會與主角發生碰撞
  - 向上飛行、隨機旋轉
  - 最多只能存在 5 個武器，不能連續發射

8.2.3 結束場景

表示遊戲結束。

▲ 圖 8-4　結束場景草圖

- 主角

  依照勝敗顯示不同人物圖片。

- 提示文字

  依照勝敗顯示不同文字並提示按下搖桿按鈕即可重新開始。

8.3 建立視窗

由於預期會建立多個相關檔案，所以建立 window-app-cat-vs-dog 資料夾管理相關元件。

現在讓我們建立 window-app-cat-vs-dog.vue 視窗元件。

src\components\window-app-cat-vs-dog\window-app-cat-vs-dog.vue

```
<template>
  <base-window
    :init-position='props.initPosition'
    :id="id"
    header-icon='videogame_asset'
    title='貓狗大戰'
  >
  </base-window>
</template>

<script setup lang="ts">
import { getCurrentInstance } from 'vue';
import BaseWindow from '../base-window.vue';

interface Props {
  /** 視窗起始位置 */
```

```
  initPosition?: {
    x: number;
    y: number;
  };
  id?: string;
}
const props = withDefaults(defineProps<Props>(), {
  initPosition: () => ({ x: 0, y: 0 }),
  id: undefined,
});

const id = props.id ?? getCurrentInstance()?.vnode.key;
</script>
```

接著在 window.store 中引入元件。

src\stores\window.store.ts

```
...
import WindowAppCatVsDog from '../components/window-app-cat-vs-
dog/window-app-cat-vs-dog.vue';

/** 列舉並儲存視窗元件 */
const windowComponentMap = {
  ...
  'window-app-cat-vs-dog': markRaw(WindowAppCatVsDog),
}
...
```

現在我們可以透過右鍵選單新增視窗了！在開始製作前遊戲我們還必須先認識「搖桿」這個電子零件的訊號組成才行。

8.4 認識搖桿

先來認識新朋友，相信任何有過遊戲機的玩家應該都有用過。

~~沒用過搖桿，也有看過搖桿走路。ᕕ(ﾟ ∀。)ᕗ~~

▲ 圖 8-5　搖桿外觀

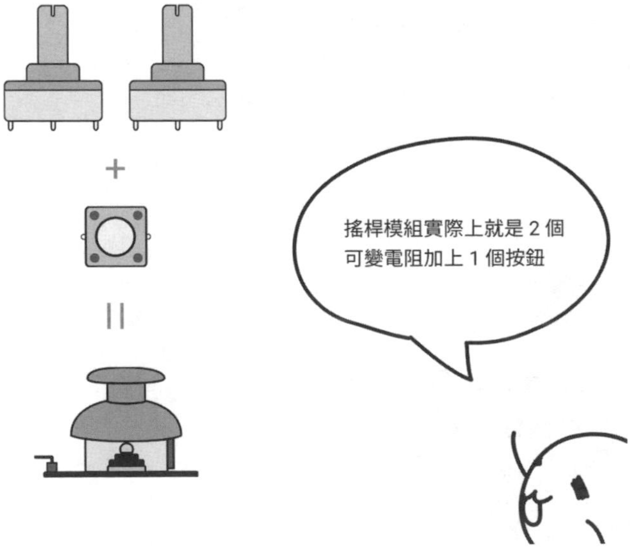
搖桿模組實際上就是 2 個
可變電阻加上 1 個按鈕

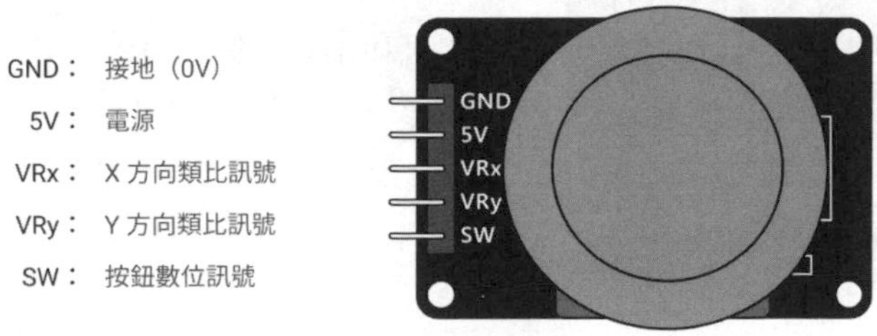

▲ 圖 8-6　搖桿結構原理

兩個可變電阻剛好相交 90 度角，如此便可以表示一個平面上的運動，接下來讓我們組一個電路，實際看看搖桿模組的訊號。

組電路之前一樣先來檢查搖桿功能是否正常。

基本上概念等測試「可變電阻」與「按鈕」，只是接點位置不同。

首先是電阻部分（XY 軸）

1

先隨便轉到任一電阻檔位。

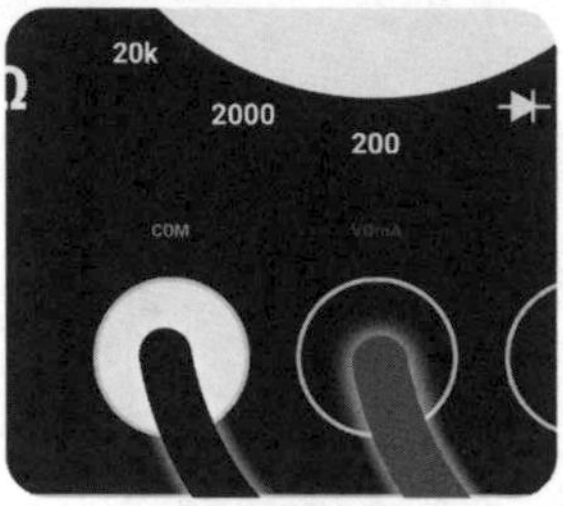

2

「黑色探棒」插入 COM
「紅色探棒」插入 VΩmA

3

「黑色探棒」連接 GND
「紅色探棒」連接 VRx
觀察看看電錶是否顯示數字，接著將搖桿往 X 方式推動，觀察數值是否有變化。
（若顯示 1，則將檔位再調大一階）

4

「紅色探棒」改連接 VRy
接著將搖桿往 Y 方式推動，觀察數值是否有變化。

▲ 圖 8-7　測試搖桿可變電阻功能

最後是按鈕部分。

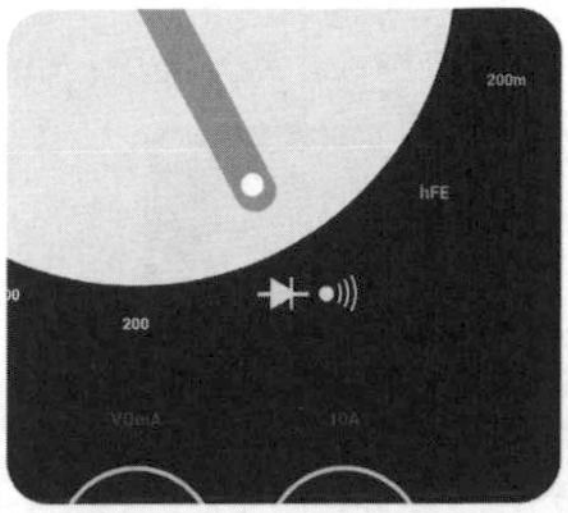

1

將檔位轉到「通導測試」

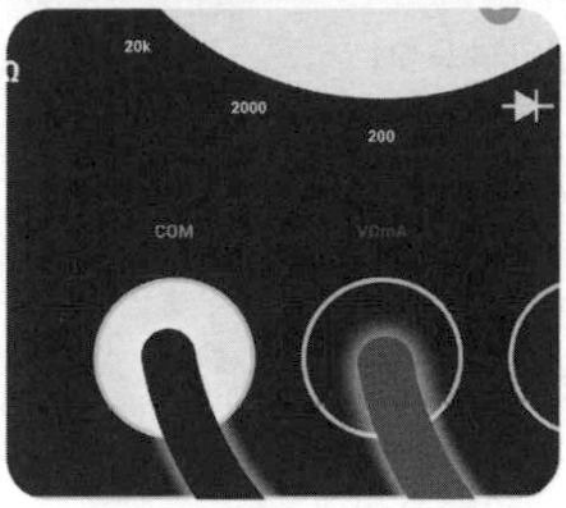

2

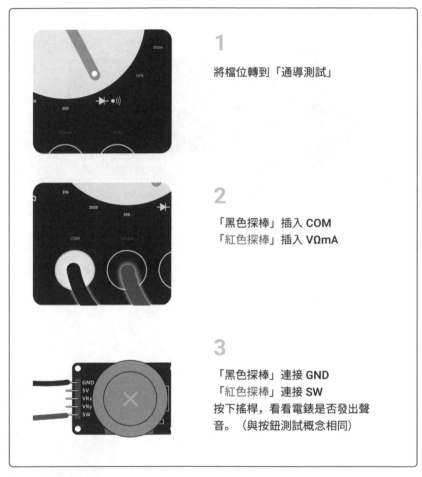

「黑色探棒」插入 COM
「紅色探棒」插入 VΩmA

3

「黑色探棒」連接 GND
「紅色探棒」連接 SW
按下搖桿，看看電錶是否發出聲音。（與按鈕測試概念相同）

▲ 圖 8-8　測試搖桿按鈕功能

現在讓我們透過先前建立的「數位 I/O 視窗」與「類比輸入視窗」來看看訊號吧！

首先完成電路接線。

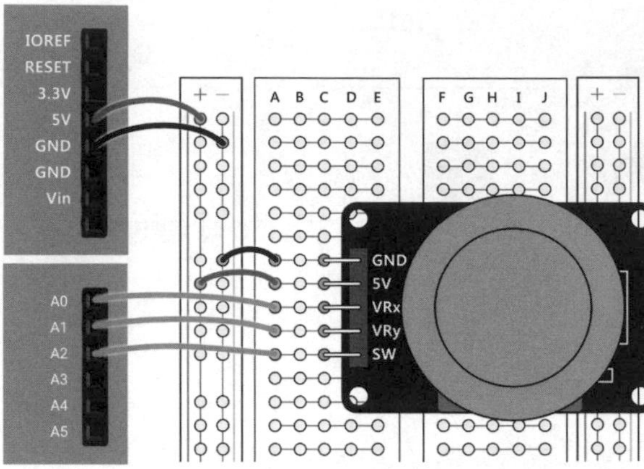

▲ 圖 8-9　Dialog 觸發選擇 COM Port 內容

先在分別如下建立視窗與腳位：

- 建立類比視窗

  建立 14 與 15 號腳位

- 建立數位視窗

  建立 16 號腳位，並設定為「Input Pullup」

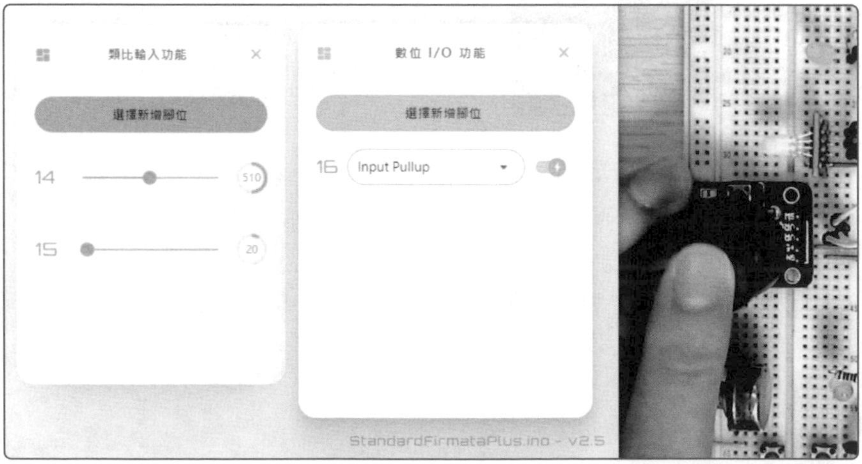

▲ 圖 8-10　搖桿測試

8.5 建立設定欄位

開始遊戲前，需要讓玩家選擇搖桿訊號來源，讓我們設計一個畫面讓玩家自由選擇吧。

src\components\window-app-cat-vs-dog\window-app-cat-vs-dog.vue

```
<template>
  <base-window
    ...
    class="flex flex-col flex-nowrap"
    body-class=" w-[600px] h-[800px] flex flex-col items-center
h-full"
    ...
  >
    <div class="h-full">
      <transition name="fade-up">
        <div class="setting-form">
          <div class="form-section rounded-3xl">
            <div class="form-item mb-5 text-gray-400">
              <q-icon
                class="mr-3"
                name="gamepad"
                size="20px"
              />
              <div class="text-lg font-bold">
                設定控制器
              </div>
            </div>

            <div class="form-item">
              <div class="text-lg w-52">
```

```
          X 軸訊號
        </div>
        <pin-select
          class="w-full"
          color="light-green-4"
          placeholder="點擊選擇"
        />
      </div>
      <div class="form-item">
        <div class="text-lg w-52">
          Y 軸訊號
        </div>
        <pin-select
          class="w-full"
          color="light-green-4"
          placeholder="點擊選擇"
        />
      </div>
      <div class="form-item">
        <div class="text-lg w-52">
          按鈕訊號
        </div>
        <pin-select
          class="w-full"
          color="light-green-4"
          placeholder="點擊選擇"
        />
      </div>
    </div>
   </div>
  </transition>
 </div>
</base-window>
```

```
</template>

<script setup lang="ts">
...
import PinSelect from '../pin-select.vue';
...
</script>

<style scoped lang="sass">
.setting-form
  position: absolute
  top: 0%
  left: 0px
  width: 100%
  height: 100%
  padding: 20px
  background: rgba(white, 0.9)
  backdrop-filter: blur(4px)
  display: flex
  justify-content: center
  align-items: center

.form-section
  padding: 20px
  width: 80%
  box-shadow: 0px 0px 10px rgba(#000, 0.2)

.form-item
  display: flex
  align-items: center
  margin-bottom: 20px
</style>
```

沒意外的話會長得像圖 8-11 所示。

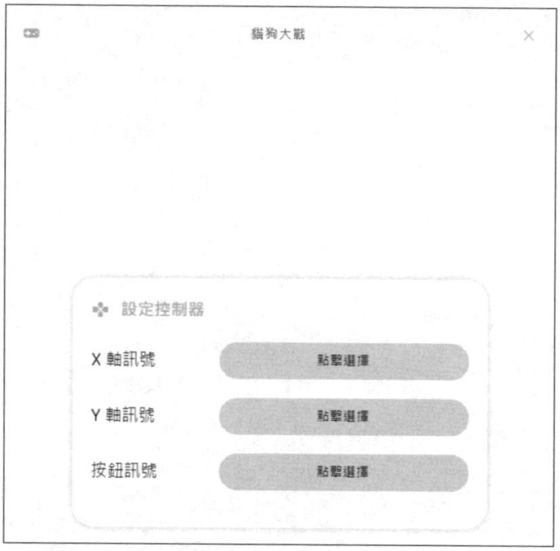

▲ 圖 8-11　設定欄位

接著讓我們新增並綁定資料與事件。

```
<template>
  <base-window ... >
    <div class="h-full">
      <transition name="fade-up">
        <div class="setting-form">
          <div class="form-section rounded-3xl">
            ...
            <div class="form-item">
              ...
              <pin-select
                v-model="xPin"
                :pins="supportAnalogInputPins"
                ...
                @error="handleError"
```

```
            />
          </div>
          <div class="form-item">
            ...
            <pin-select
              v-model="yPin"
              :pins="supportAnalogInputPins"
              ...
              @error="handleError"
            />
          </div>
          <div class="form-item">
            ...
            <pin-select
              v-model="btnPin"
              :pins="supportPullupPins"
              ...
              @error="handleError"
            />
          </div>
        </div>
      </div>
    </transition>
  </div>
</base-window>
</template>

<script setup lang="ts">
...
import { useBoardStore } from '../../stores/board.store';
import { useQuasar } from 'quasar';
...
const boardStore = useBoardStore();
```

```
const $q = useQuasar();
...
const xPin = ref<Pin>();
const yPin = ref<Pin>();
const btnPin = ref<Pin>();

/** 所有支援類比輸入的腳位 */
const supportAnalogInputPins = computed(() => {
  return boardStore.pins.filter((pin) => {
    return pin.capabilities.some((capability) =>
      capability.mode === PinMode.ANALOG_INPUT
    );
  });
});

/** 所有支援數位上拉輸入的腳位 */
const supportPullupPins = computed(() => {
  return boardStore.pins.filter((pin) => {
    return pin.capabilities.some((capability) =>
      capability.mode === PinMode.INPUT_PULLUP
    );
  });
});

function handleError(message: string) {
  $q.notify({
    type: 'negative',
    message,
  });
}
</script>
...
```

現在可以選擇腳位了！ 、(●`∀´●)/

讓我們準備取得訊號吧！

8.6 處理搖桿訊號

鱈魚：「讓我們像數位與類比視窗一樣，開始解析數位與類比訊號吧！」

電子助教：「蛤，一樣的事情要這樣一直重複做喔 ...('◉ ╯ө╰ ◉`)」

鱈魚：「也是捏，這樣違反 DRY 原則」

電子助教：「乾燥原則？」

鱈魚：「是 Don't repeat yourself 原則 ⎝(・ω´・⎝)」

> **Tips：**
> DRY 原則：
> https://zh.wikipedia.org/wiki/一次且僅一次

首先讓我們把「數位輸入訊號」包裝成一個 button 物件，再和類比訊號一起包裝成一個 joy-stick 物件吧！

8.6.1 建立按鈕物件

建立 button.ts 用於將數位輸入訊號轉換成按鈕行為，方便應用。

- 給定腳位、模式、收發器，自動處理 Port 轉換、數位訊號監聽等等邏輯。

- 主動通知按鈕「按下」、「放開」等等事件。
- 將上拉輸入反轉，變為較為直覺的訊號呈現。
- 上拉輸入按下按鈕為 0，放開為 1。
- 一般符合直覺的訊號應該是按下為 1，放開為 0。

首先建立檔案。

src\electronic-components\button.ts

```
import EventEmitter2, { Listener } from "eventemitter2";
import { PinMode } from "../common/firmata/firmata-utils";
import { DigitalData, Pin } from "../common/firmata/response-define";
import { PortTransceiver } from "../common/port-transceiver";
import { delay } from "../common/utils";

export interface ConstructorParams {
  pin: Pin;
  transceiver: PortTransceiver;
  mode: PinMode;
}

/**
 * 基本按鈕
 *
 * 繼承 EventEmitter2 功能，支援數位輸入、上拉輸入
 */
export class Button extends EventEmitter2 {
  /** 指定腳位  */
  private pin: Pin;
  /** 腳位 Port 號 */
  private portNumber: number;
  /** 腳位模式 */
  private mode: number;
  /** COM Port 收發器 */
```

```
  private portTransceiver: PortTransceiver;
  /** 訊號回報監聽器 */
  private listener?: Listener;
  /** 目前數位訊號 */
  value = false;

  constructor(params: ConstructorParams) {
    super();

    const {
      pin,
      transceiver,
      mode = PinMode.DIGITAL_INPUT,
      debounceMillisecond = 10,
    } = params;

    if (!pin) throw new Error(`pin 必填`);
    if (!transceiver) throw new Error(`transceiver 必填`);
    if (![PinMode.DIGITAL_INPUT, PinMode.INPUT_PULLUP].
includes(mode)) {
      throw new Error(`不支援指定的腳位模式 : ${mode}`);
    }

    this.pin = pin;
    this.portNumber = (pin.number / 8) | 0;
    this.mode = mode;
    this.portTransceiver = transceiver;

    this.init();
  }

  async init() { }
  destroy() { }
```

```
  private handleData(data: DigitalData[]) { }
}
```

接下來讓我們依序完成 method 內容，概念基本上與先前數位控制程式邏輯相同。

首先是 init()。

```
async init() {
  this.portTransceiver.addCmd('set-mode', {
    pin: this.pin.number,
    mode: this.mode,
  });

  // 延遲一下再監聽數值，忽略 set-mode 初始化的數值變化
  await delay(500);

  this.listener = this.portTransceiver.on(
    'digital-data', (data) => this.handleData(data),
    { objectify: true }
  ) as Listener;
}
```

接著是 destroy()。

```
destroy() {
  // 銷毀所有監聽器，以免 Memory Leak
  this.listener?.off();
  this.removeAllListeners();
}
```

最後是 handleData()。

```
private handleData(data: DigitalData[]) {
  // Port 不同表示不是對應腳位範圍
  const target = findLast(data, ({ port }) => this.portNumber ===
port);
  if (!target) return;

  const { value } = target;
  const bitIndex = this.pin.number % 8;

  this.value = getBitWithNumber(value, bitIndex);
}
```

讀者可以回去先前數位控制元件的地方比對看看喔！(´▽`)ﾉ

現在新增一個用來處理、發送事件的 method 並新增事件定義。

```
import EventEmitter2, { Listener, OnOptions } from "eventemitter2";
...
export enum EventName {
  RISING = 'rising',
  FALLING = 'falling',
  TOGGLE = 'toggle',
}
...
export class Button extends EventEmitter2 {
  ...
  /** 依照數位訊號判斷按鈕事件
   * - rising：上緣，表示按下按鈕
   * - falling：下緣，表示放開按鈕
   * - toggle：訊號切換，放開、按下都觸發
   */
  private processEvent(value: boolean) {
    let correctionValue = value;
```

```
    // 若為上拉輸入，則自動反向
    if (this.mode === PinMode.INPUT_PULLUP) {
      correctionValue = !correctionValue;
    }

    // 訊號沒變，不做任何處理
    if (this.value === correctionValue) return;

    if (correctionValue) {
      this.emit(EventName.RISING);
    }
    if (!correctionValue) {
      this.emit(EventName.FALLING);
    }

    this.emit(EventName.TOGGLE, correctionValue);
    this.value = correctionValue;
  }
}

type ListenerOption = boolean | OnOptions;
export interface Button {
  on(event: `${EventName.RISING}`, listener: () => void,
options?: ListenerOption): this | Listener;
  on(event: `${EventName.FALLING}`, listener: () => void,
options?: ListenerOption): this | Listener;
  on(event: `${EventName.TOGGLE}`, listener: (value: boolean) =>
void, options?: ListenerOption): this | Listener;

  once(event: `${EventName.RISING}`, listener: () => void,
options?: ListenerOption): this | Listener;
  once(event: `${EventName.FALLING}`, listener: () => void,
```

```
options?: ListenerOption): this | Listener;
  once(event: `${EventName.TOGGLE}`, listener: (value: boolean)
=> void, options?: ListenerOption): this | Listener;
}
```

Tips：

數位訊號邊緣：

https://zh.wikipedia.org/zh-tw/%E4%BF%A1%E5%8F%B7%E8%BE%B9%E7%BC%98

為了避免觸發過度頻繁，讓我們加入 debounce 並實際使用 processEvent。

```
...
export interface ConstructorParams {
  ...
  debounceMillisecond?: number;
}
...
export class Button extends EventEmitter2 {
  ...
  private debounce: {
    processEvent: ReturnType<typeof debounce>
  }

  constructor(params: ConstructorParams) {
    ...
    this.debounce = {
      processEvent: debounce((params: boolean) => {
        this.processEvent(params)
      }, debounceMillisecond),
    }
```

```
    this.init();
  }
  ...
  private handleData(data: DigitalData[]) {
    ...
    const bitValue = getBitWithNumber(value, bitIndex);
    this.debounce.processEvent(bitValue);
  }
  ...
}
...
```

現在讓我們實測看看 button 功能，回到 window-app-cat-vs-dog 視窗，從設定欄位取得按鈕腳位，並建立 button 物件看看。

src\components\window-app-cat-vs-dog\window-app-cat-vs-dog.vue

```
...
<script setup lang="ts">
...
const btnObj = ref<Button>();
watch(btnPin, (pin) => {
  if (!pin) return;
  if (!(portStore.transceiver instanceof PortTransceiver)) return;

  if (btnObj.value) {
    btnObj.value.destroy();
  }

  btnObj.value = new Button({
    pin,
    mode: PinMode.INPUT_PULLUP,
    transceiver: portStore.transceiver,
```

```
  });

  btnObj.value.onAny((name, value) => {
    console.log(`[ btnObj ${name} ] value : `, value);
  });
});
...
</script>
...
```

現在讓「按鈕訊號」選擇 16 號腳位，並按按看搖桿上的按鈕，應該就會看到 console 中跑出按鈕觸發事件。

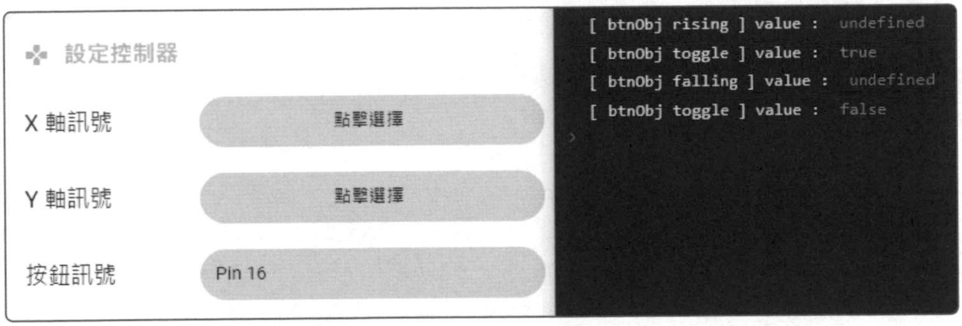

▲ 圖 8-12　按鈕物件發出事件

成功將數位輸入包裝成簡單易用的 button 物件了！ ✧*。٩(ˊᗜˋ*)و✧*。

接下來讓我們完成搖桿物件吧！

8.6.2 建立搖桿物件

建立檔案並定義建構參數，這個部分稍微複雜一點，讓我們一步一步來。

搖桿有 XY 軸可以使用，所以先定義軸向控制設定。

```
/** 軸向設定值 */
export interface AxisOption {
  /** 訊號來源腳位 */
  pin: Pin;
  /** 原點。搖桿無動作時，類比數值基準點 */
  origin?: number;
  /** 閥值。origin 正負 threshold 之內的數值，視為沒有動作，以免產生大量
雜訊。 */
  threshold?: number;
  /** 軸反轉，可以讓搖桿因應多種使用方式 */
  isReverse?: boolean;
}
```

接著是建構子的參數，除了軸設定外，還包含了按鈕設定。

```
export interface ConstructorParams {
  transceiver: PortTransceiver;
  /** 類比腳位映射表 */
  analogPinMap: AnalogPinMap;
  /** X 軸設定 */
  xAxis: AxisOption;
  /** Y 軸設定 */
  yAxis: AxisOption;
  /** 按鈕設定 */
  btn: {
    /** 訊號來源腳位 */
    pin: Pin;
    /** 按鈕腳位模式 */
    mode: PinMode;
  }
}
```

再來是此物件預期發出的事件，除了按鈕原先的事件外，增加一個回傳 XY 軸向資料的事件。

```
export enum EventName {
  /** 按鈕事件 */
  RISING = 'rising',
  FALLING = 'falling',
  TOGGLE = 'toggle',
  /** 搖桿動作 */
  DATA = 'data',
}
```

最後是新增一個軸設定值之可選參數的預設值。

```
const axisOptionDefault: Omit<AxisOption, 'pin'> = {
  origin: 510,
  threshold: 20,
  isReverse: false,
}
```

將以上全部合併之後得：

src\electronic-components\joy-stick.ts

```
...
export interface AxisOption { ... }
export interface ConstructorParams { ... }
export enum EventName { ... }

const axisOptionDefault: Omit<AxisOption, 'pin'> = { ... }


/**
 * 搖桿
 *
```

```
 * 繼承 EventEmitter2 功能，支援 XY 類比訊號與 1 個按鈕數位訊號
 */
export class JoyStick extends EventEmitter2 {
  /** X 軸設定 */
  private xAxis: Required<AxisOption>;
  /** Y 軸設定 */
  private yAxis: Required<AxisOption>;
  /** 按鈕物件 */
  private btn: Button;
  /** 類比腳位映射表 */
  analogPinMap: AnalogPinMap;
  /** COM Port 收發器 */
  private portTransceiver: PortTransceiver;
  /** 訊號回報監聽器 */
  private listener?: Listener;

  /** 目前軸類比數值 */
  axesValue = {
    x: 0,
    y: 0,
  };

  constructor(params: ConstructorParams) {
    super();

    const {
      transceiver,
      analogPinMap,
      xAxis,
      yAxis,
      btn,
    } = params;
```

```
    if (!transceiver) throw new Error(`transceiver 必填`);
    if (!analogPinMap) throw new Error(`analogPinMap 必填`);
    if (!xAxis?.pin) throw new Error(`xAxis.pin 必填`);
    if (!yAxis?.pin) throw new Error(`yAxis.pin 必填`);
    if (!btn?.pin) throw new Error(`btn.pin 必填`);

    this.xAxis = defaultsDeep(xAxis, axisOptionDefault);
    this.yAxis = defaultsDeep(yAxis, axisOptionDefault);
    this.portTransceiver = transceiver;
    this.analogPinMap = analogPinMap;

    this.btn = new Button({
      ...btn,
      transceiver,
    });
    /** 將所有 btn 事件轉送出去 */
    this.btn.onAny((event, value) => this.emit(event, value));

    this.init();
  }

  async init() { }
  destroy() { }

  private handleData(data: AnalogData[]) { }
}
```

接著完成 init() 初始化內容，基本上與按鈕的 init() 相同，就是設定腳位模式與註冊監聽事件。

```
async init() {
  const xPinNum = this.xAxis.pin.number;
  const yPinNum = this.yAxis.pin.number;
```

```
  this.portTransceiver.addCmd('set-mode', {
    pin: xPinNum,
    mode: PinMode.ANALOG_INPUT,
  });
  this.portTransceiver.addCmd('set-mode', {
    pin: yPinNum,
    mode: PinMode.ANALOG_INPUT,
  });

  this.listener = this.portTransceiver.on('analog-data', (data)
=> {
    this.handleData(data);
  }, { objectify: true }) as Listener;
}
```

destroy() 內容就簡單許多。

```
destroy() {
  this.btn.destroy();
  this.listener?.off();
  this.removeAllListeners();
}
```

最後讓我們慢慢完成 handleData() 內容。

```
private handleData(data: AnalogData[]) {
  const { xAxis, yAxis, analogPinMap } = this;

  let x = 0;
  let y = 0;

  const xAnalogNumber = analogPinMap[xAxis.pin.number];
  const yAnalogNumber = analogPinMap[yAxis.pin.number];
```

```
  /** 從腳位編號映射成 analog 編號後，取得 X、Y 軸類比資料 */
  const [xAnalogData, yAnalogData] = [xAnalogNumber,
yAnalogNumber].map((mapNumber) => {
    return findLast(data, ({ analogNumber }) => mapNumber ===
analogNumber);
  })
}
```

以上我們就可以分別取得 X 軸與 Y 軸的類比輸入資料了，但是如果就這樣直接取其實會有一個問題，那就是「搖桿回到中點時，類比數值並非完全靜止，可能會在正負 1 或 2 些微浮動。如果直接判斷與中點的差值作為移動量，會誤判成搖桿一直持續動作。」

解決方法很簡單，就是制定一個「不動作區間」就可以了！(•ω•)✧

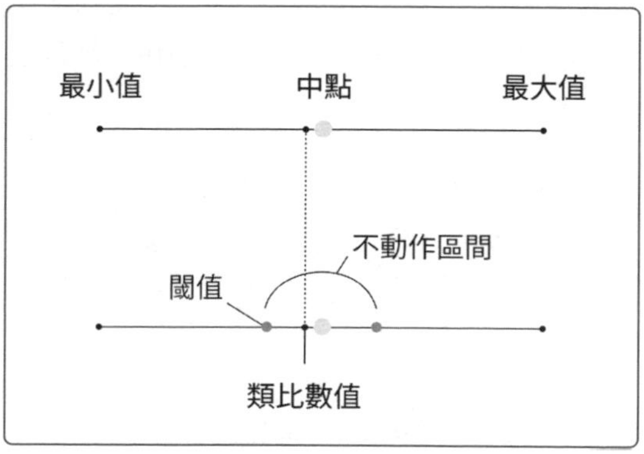

▲ 圖 8-13　不動作區間原理

如圖 8-13 所示，只要在不動作區間內的數值，一律視為 0，就可以保證當搖桿無動作時，訊號維持穩定。

所以新增一個用來計算、取得軸向數值的 method。

```
/** 將類比數值轉換為搖桿軸資料
 * @param value 類比訊號原始數值
 * @param options 軸向設定值
 * @returns
 */
private getAxisValue(value: number, options:
Required<AxisOption>) {
  const { origin, threshold, isReverse } = options;

  const delta = origin - value;
  if (Math.abs(delta) < threshold) {
    return 0;
  }

  return isReverse ? delta * -1 : delta;
}
```

最後為了防止發送過度頻繁，將事件做個 throttle 處理並合併資料處理功能。

```
...
export class JoyStick extends EventEmitter2 {
  ...
  /** 建立 throttle 功能 */
  throttle: {
    setValue: ReturnType<typeof throttle>
  }
  ...
  private handleData(data: AnalogData[]) {
    ...
    if (xAnalogData) {
      x = this.getAxisValue(xAnalogData.value, xAxis)
    }
```

```
    if (yAnalogData) {
      y = this.getAxisValue(yAnalogData.value, yAxis)
    }

    this.throttle.setValue(x, y);
  }

  private setValue(x: number, y: number) {
    this.axesValue.x = x;
    this.axesValue.y = y;

    this.emit('data', this.axesValue);
  }
  private getAxisValue(value: number, options:
Required<AxisOption>) { ... }
}
```

以上我們便完成搖桿元件主要功能了，最後讓我們補充事件定義後就大功告成。

基本上就只有多了 data 事件，其他事件與 button 物件相同。

```
export interface JoyStick {
  ...
  on(event: `${EventName.DATA}`, listener: (data: { x: number, y:
number }) => void, options?: ListenerOption): this | Listener;

  ...
  once(event: `${EventName.DATA}`, listener: (data: { x: number,
y: number }) => void, options?: ListenerOption): this | Listener;
}
```

現在讓我們回到 window-app-cat-vs-dog 視窗，來實測搖桿功能吧！

刪除原先的 button 測試程式，改為建立 JoyStick 物件。

src\components\window-app-cat-vs-dog\window-app-cat-vs-dog.vue

```
<script setup lang="ts">
...
const xPin = ref<Pin>();
const yPin = ref<Pin>();
const btnPin = ref<Pin>();

const joyStick = ref<JoyStick>();
watch(() => [xPin.value, yPin.value, btnPin.value], ([xPin, yPin,
btnPin]) => {
  if (!xPin || !yPin || !btnPin) return;
  if (!boardStore.analogPinMap) return;
  if (!(portStore.transceiver instanceof PortTransceiver)) return;

  if (joyStick.value) {
    joyStick.value.destroy();
  }

  joyStick.value = new JoyStick({
    btn: {
      pin: btnPin,
      mode: PinMode.INPUT_PULLUP,
    },
    xAxis: {
      pin: xPin
    },
    yAxis: {
      pin: yPin
    },
    analogPinMap: boardStore.analogPinMap,
    transceiver: portStore.transceiver,
```

```
  });

  joyStick.value.onAny((name, value) => {
    console.log(`[ joyStick ${name} ] value : `, value);
  });
});
...
</script>
...
```

現在我們將：

- X 軸訊號設為 14 號腳位
- Y 軸訊號設為 15 號腳位
- 按鈕訊號設為 16 號腳位

並觀察 console 列印出來的數值與搖桿動作的關係。

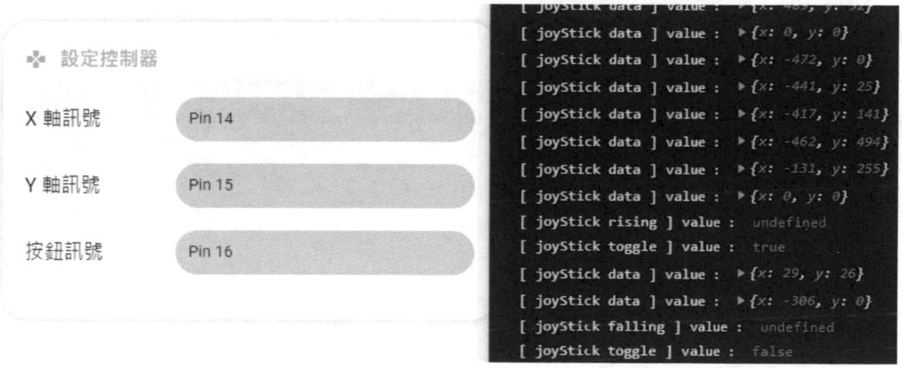

▲ 圖 8-14　搖桿數值回傳

現在我們可以輕鬆地使用搖桿的電子訊號了！ ✧*。٩(ˊᗜˋ*)و✧*。

接下來讓我們開始打造遊戲吧！

Tips：

以上程式碼已同步至 GitLab 中，可以開啟以下連結查看：
https://gitlab.com/drmaster/mcu-windows/-/tree/feature/window-app-cat-vs-dog

8.7 打造遊戲！

使用 Phaser 之前，第一步當然是先安裝啦，輸入以下命令即可完成安裝。

```
npm i phaser@^3.0.0
```

互毆之前當然要先有場地才行，讓我們建立 Phaser 場景吧！

首先建立 game-scene 元件，準備用來初始化 Phaser。

src\components\window-app-cat-vs-dog\game-scene.vue

```
<template>
  <div
    ref="gameScene"
    class="w-[600px] h-[800px]"
  />
</template>

<script setup lang="ts">
import { ref } from 'vue';

interface Props {
  label?: string;
```

```
}
const props = withDefaults(defineProps<Props>(), {
  label: '',
});
</script>
```

並在 window-app-cat-vs-dog 中加入 game-scene 元件。

src\components\window-app-cat-vs-dog\window-app-cat-vs-dog.vue

```
<template>
  <base-window ... >
    <div class="h-full">
      <div class="w-full h-full">
        <game-scene />
      </div>
      ...
    </div>
  </base-window>
</template>

<script setup lang="ts">
...
import GameScene from './game-scene.vue';
...
</script>
...
```

現在讓 setting-form 的腳位都選擇完成後，自動隱藏 setting-form，同時刪除原本測試 joyStick 的內容。

```
<template>
  <base-window ... >
    <div class="h-full">
```

```
      <div class="w-full h-full">
        <game-scene />
      </div>

      <transition name="fade-up">
        <div
          v-if="isSettingOk"
          class="setting-form"
        >
          ...
        </div>
      </transition>
    </div>
  </base-window>
</template>

<script setup lang="ts">
...
const isSettingOk = computed(() =>
  xPin.value && yPin.value && btnPin.value
);
</script>
...
```

並新增處理腳位占用與選擇的邏輯。

```
...
<script setup lang="ts">
...
const windowStore = useWindowStore();
...
const xPin = ref<Pin>();
watch(xPin, (pin, oldPin) => handelPinSelected(pin, oldPin))
```

```
const yPin = ref<Pin>();
watch(yPin, (pin, oldPin) => handelPinSelected(pin, oldPin))

const btnPin = ref<Pin>();
watch(btnPin, (pin, oldPin) => handelPinSelected(pin, oldPin))

function handelPinSelected(newPin?: Pin, oldPin?: Pin) {
  if (oldPin) windowStore.deleteOccupiedPin(id, oldPin);
  if (newPin) windowStore.addOccupiedPin(id, newPin);
}
...
</script>
...
```

最後讓我們調整 game-scene 的 Props，把 pin 資料傳進去吧。

src\components\window-app-cat-vs-dog\game-scene.vue

```
...
<script setup lang="ts">
...
interface Props {
  xPin?: Pin;
  yPin?: Pin;
  btnPin?: Pin;
}
const props = withDefaults(defineProps<Props>(), {});
...
</script>
...
```

src\components\window-app-cat-vs-dog\window-app-cat-vs-dog.vue

```
<template>
  <base-window ... >
```

```
    <div class="h-full">
      <div class="w-full h-full">
        <game-scene
          :x-pin="xPin"
          :y-pin="yPin"
          :btn-pin="btnPin"
        />
      </div>
      ...
    </div>
  </base-window>
</template>
...
```

接著先建立完所有場景，再來初始化 Phaser，根據「8.2 章」的規劃，建立場景 scene-welcome.ts、scene-main.ts、scene-over.ts。

最後是新增一個特別的場景，專門用來預先載入所有素材、建立動畫用的場景 scene-preload.ts。

8.7.1 載入素材

首先第一步讓我們完成 scene-preload，先載入所有所需素材，讀者們可以前往 GitLab 進行下載。

Tips：

貓狗大戰素材：

https://gitlab.com/drmaster/mcu-windows/-/tree/feature/game-cat-vs-dog/src/assets/cat-vs-dog

接著使用 Phaser 提供的 load.image API 載入圖片。

src\components\window-app-cat-vs-dog\scenes\scene-preload.ts

```
import Phaser from 'phaser';

import dogWork from '../../../assets/cat-vs-dog/dog-work.png';
import dogBeaten from '../../../assets/cat-vs-dog/dog-beaten.png';
import dogAttack from '../../../assets/cat-vs-dog/dog-attack.png';

export default class extends Phaser.Scene {
  constructor() {
    super({ key: 'preload' })
  }
  preload() {
    // 載入圖片
    const imgs = {
      'cat-weapon': catWeapon,
      'dog-weapon': dogWeapon,
      'river': river,
    };

    Object.entries(imgs).forEach(([key, value]) => {
      this.load.image(key, value);
    });
  }
  ...
}
```

鱈魚：「接下來讓我們載入 spritesheet」

助教：「精靈表單？甚麼鬼東西？ (´･ω･`)」

spritesheet 指的就是將一個連續動作的所有影格合併成一張圖片的形式，只要確定區塊單位尺寸，並快速切換顯示區塊，就可以產生動畫效果了！

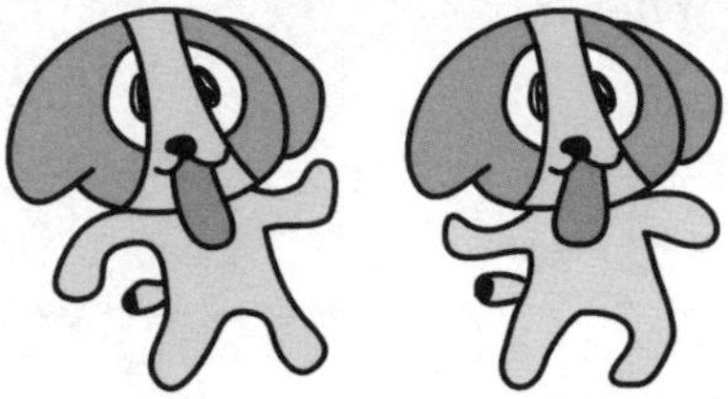

▲ 圖 8-15　狗移動動作的 spritesheet

spritesheet 使用 load. spritesheet API 載入。

src\components\window-app-cat-vs-dog\scenes\scene-preload.ts

```
...
import catWork from '../../../assets/cat-vs-dog/cat-work.png';
import catBeaten from '../../../assets/cat-vs-dog/cat-beaten.png';
import catAttack from '../../../assets/cat-vs-dog/cat-attack.png';

import dogWork from '../../../assets/cat-vs-dog/dog-work.png';
import dogBeaten from '../../../assets/cat-vs-dog/dog-beaten.png';
import dogAttack from '../../../assets/cat-vs-dog/dog-attack.png';

export default class extends Phaser.Scene {
  ...
  preload() {
    // 載入圖片
    ...

    // 載入 spritesheet
    const catSheets = {
      'cat-work': catWork,
      'cat-beaten': catBeaten,
```

```
      'cat-attack': catAttack,
    };
    const dogSheets = {
      'dog-work': dogWork,
      'dog-beaten': dogBeaten,
      'dog-attack': dogAttack,
    };

    Object.entries(catSheets).forEach(([key, value]) => {
      this.load.spritesheet(key, value,
        { frameWidth: 300, frameHeight: 300 }
      );
    });
    Object.entries(dogSheets).forEach(([key, value]) => {
      this.load.spritesheet(key, value,
        { frameWidth: 450, frameHeight: 450 }
      );
    });
  }
}
```

以上我們已經成功載入遊戲中所有素材了。

Tips：

Scene API 說明：

https://photonstorm.github.io/phaser3-docs/Phaser.Scene.html

現在我們還需要 透過 AnimationManager 將 spritesheet 變為動畫，使用 generateFrameNumbers 產生指定名稱的動畫。

Tips：

AnimationManager API 說明：

https://photonstorm.github.io/phaser3-docs/Phaser.Animations.AnimationManager.html

整體過程為「將連續動作組合起來的圖片，透過 load.spritesheet 載入後，再使用 anims.generateFrameNumbers 進行分割，往後就可以在角色中使用動畫了！」

讓我們建立主角貓與敵方狗的動畫吧。 ╮(•ω•)╭

src\components\window-app-cat-vs-dog\scenes\scene-preload.ts

```
...
export default class extends Phaser.Scene {
  ...
  create() {
    // 建立動畫
    this.anims.create({
      key: 'cat-work',
      frames: this.anims.generateFrameNumbers('cat-work', {
start: 0, end: 1 }),
      frameRate: 4,
      repeat: -1,
    });
    this.anims.create({
      key: 'cat-attack',
      frames: this.anims.generateFrameNumbers('cat-attack', {
start: 0, end: 0 }),
      frameRate: 4,
      repeat: 1,
    });
```

```
    this.anims.create({
      key: 'cat-beaten',
      frames: this.anims.generateFrameNumbers('cat-beaten', {
start: 0, end: 0 }),
      frameRate: 4,
      repeat: 1,
    });

    this.anims.create({
      key: 'dog-work',
      frames: this.anims.generateFrameNumbers('dog-work', {
start: 0, end: 1 }),
      frameRate: 4,
      repeat: -1,
    });
    this.anims.create({
      key: 'dog-attack',
      frames: this.anims.generateFrameNumbers('dog-attack', {
start: 0, end: 0 }),
      frameRate: 4,
      repeat: 1,
    });
    this.anims.create({
      key: 'dog-beaten',
      frames: this.anims.generateFrameNumbers('dog-beaten', {
start: 0, end: 0 }),
      frameRate: 4,
      repeat: 1,
    });
  }

    // 前往下一個場景
    this.scene.start('welcome');
}
```

- key 表示建立動畫名稱。
- frames 表示 spritesheet 來源。
- framerate 影響動畫播放的速度。
- repeat 則表示動畫是否重複播放，-1 表示無限重複。
- scene.start 則會讓場景自動跳轉至 welcome 場景。

以上動畫中，work 用於人物待命與移動時的動畫；attack 表示發射武器動畫；beaten 表示被攻擊動畫。

現在讓 Phaser 載入場景吧！ ヾ(≧▽≦*)o

讓我們調整一下 game-scene 內容。

src\components\window-app-cat-vs-dog\game-scene.vue

```
...
<script setup lang="ts">
import { onBeforeUnmount, onMounted, ref } from 'vue';
import Phaser from 'phaser';

import ScenePreload from './scenes/scene-preload';
import SceneWelcome from './scenes/scene-welcome';
import SceneMain from './scenes/scene-main';
import SceneOver from './scenes/scene-over';
...
const gameScene = ref();
const game = ref<Phaser.Game>();

function createGame(parent: HTMLElement) {
  const game = new Phaser.Game({
    type: Phaser.WEBGL,
    width: 600,
    height: 800,
```

```
    parent,
    scene: [ScenePreload, SceneWelcome, SceneMain, SceneOver],
    backgroundColor: '#FFF',
    disableContextMenu: true,

    physics: {
      default: 'arcade',
      arcade: {
        debug: true,
      },
    },
  });
  return game;
}

watch(() => props, ({ xPin, yPin, btnPin }) => {
  if (!gameScene.value) {
    console.error(`無法取得 gameScene DOM`);
    return;
  }

  if (!xPin || !yPin || !btnPin) return;
  game.value = createGame(gameScene.value);
}, {
  deep: true
});

onBeforeUnmount(() => {
  game.value?.destroy(true, true);
});
</script>
```

現在新增貓狗大戰視窗並選擇所有訊號腳位，應該會在 console 中看到以下訊息。

▲ 圖 8-16　Dialog 觸發選擇 COM Port 內容

這樣表示 Phaser 初始化成功了！ * ٩(ˊᗜˋ*)و *

8.7.2 歡迎來到貓狗大戰

現在讓我們繼續完成 scene-welcome 場景。

首先讓主角出現在場地上。

```
src\components\window-app-cat-vs-dog\scenes\scene-welcome.ts
```

```
import Phaser from 'phaser';

export default class extends Phaser.Scene {
  private cat!: Phaser.Types.Physics.Arcade.SpriteWithDynamicBody;

  constructor() {
    super({ key: 'welcome' })
  }
  create() {
    const x = Number(this.game.config.width) / 2;
    const y = Number(this.game.config.height) / 2;

    this.cat = this.physics.add
      .sprite(x, y - 80, 'cat-work')
      .setScale(0.5)
      .setCollideWorldBounds(true);
  }
}
```

- x、y 是場景尺寸，用來將主角定位至場地中央。
- setScale() 可以用來控制人物尺寸，以免原本素材尺寸太小或太大。
- setCollideWorldBounds() 設定人物會與世界邊界發生碰撞，這樣人物就不會衝出世界外。

現在主角貓登場了。

▲ 圖 8-17　主角貓登場

助教：「為甚麼周圍有一圈紫色圈圈？ (⊙ ﾉ∀ヽ ⊙')」

鱈魚：「那個是碰撞箱的範圍，因為我們在場景設定中將 physics. arcade. debug 設為 ture，這樣會開啟物理引擎的 debug 模式，可以讓我們方便開發。」

讓我們加點動畫吧！

```
...

export default class extends Phaser.Scene {
  ...
  constructor() {...}
  create() {
    ...
```

```
      this.cat.anims.play('cat-work');
    }
  }
```

一行完成！ ✧* ٩(ˊᗜˋ*)و✧*

感恩 Phaser ！讚嘆 Phaser ！

Tips：

若畫面沒有出現，有可能是因為 Vite 的 HMR 讓 Phaser 產生一些異常，可以嘗試關閉並重新建立視窗，或是重新整理網頁。

接著加點提示文字吧。

```
...

export default class extends Phaser.Scene {
  ...
  constructor() {...}
  create() {
    ...

    this.add.text(x, y + 50, '按下搖桿按鍵開始', {
      color: '#000',
      fontSize: '30px',
    }).setOrigin(0.5);
  }
}
```

▲ 圖 8-18　加入提示文字

鱈魚：「歡迎場景完成了！」
助教：「所以說那個搖桿哩？」
鱈魚：「對吼 (´,,•ω•,,)」

現在讓我們回到 game-scene 中初始化搖桿，新增初始化搖桿用的 function。

```
function createJoyStick() {
  const { xPin, yPin, btnPin } = props;

  if (!xPin || !yPin || !btnPin) return;
  if (!boardStore.analogPinMap) return;
  if (!(portStore.transceiver instanceof PortTransceiver)) return;

  const joyStick = new JoyStick({
    btn: {
      pin: btnPin,
      mode: PinMode.INPUT_PULLUP,
    },
```

```
    xAxis: {
      pin: xPin
    },
    yAxis: {
      pin: yPin
    },
    analogPinMap: boardStore.analogPinMap,
    transceiver: portStore.transceiver,
  });

  return joyStick;
}
```

預期將初始化完成的搖桿物件，掛載在 Phaser 的 game 物件上，這樣所有的場景都可以呼叫到同一個搖桿物件。

現在有個重要的前置作業，就是新增一個型別繼承 Phaser.Game 型別並有搖桿的物件型別。

src\types\main.type.ts

```
import { JoyStick } from "../electronic-components/joy-stick";

export type JoyStickGame = Phaser.Game & {
  joyStick?: JoyStick;
};
```

現在回到 game-scene 中，調整 game 型別，並於搖桿初始化後掛在 game 物件上吧。

src\components\window-app-cat-vs-dog\game-scene.vue

```
...
<script setup lang="ts">
...
```

```
import { JoyStickGame } from '../../types/main.type';
...
const game = ref<JoyStickGame>();
...

function createJoyStick() {...}

watch(() => props, ({ xPin, yPin, btnPin }) => {
  ...
  game.value = createGame(gameScene.value);

  const joyStick = createJoyStick();
  game.value.joyStick = joyStick;
}, {
  deep: true
});

onBeforeUnmount(() => {
  game.value?.joyStick?.destroy();
  game.value?.destroy(true, true);
});
</script>
```

現在我們在場景裡面可以使用搖桿了，讓我們回到 scene-welcome，覆蓋原先的 game 物件型別並取得搖桿資料。

src\components\window-app-cat-vs-dog\scenes\scene-welcome.ts

```
import Phaser from 'phaser';
import { JoyStickGame } from '../../../types/main.type';

export default class extends Phaser.Scene {
  ...
  declare game: JoyStickGame;
```

```
  constructor() {...}
  create() {
    ...

    const joyStick = this.game.joyStick;
    if (!joyStick) {
      console.error(`joyStick 不存在`);
      return;
    }

    joyStick.on('data', ({ x, y }) => {
      this.cat.setVelocity(x, y);
    });
  }
}
```

把搖桿取到的類比搖桿數值，設為人物的速度，就可以讓人物移動了！

現在若搖桿的排針朝右方，控制搖桿就可以看到主角貓動起來了！

▲ 圖 8-19　搖桿控制人物移動

最後就是按下按鈕後，進入下一個場景。

```
...
export default class extends Phaser.Scene {
  ...
  constructor() {...}
  create() {
    ...
    joyStick.once('toggle', () => {
      // 前往 main 場景
      this.scene.start('main');
    });

    /** 監聽 destroy 事件，清除所有搖桿監聽器
     * 以免場景切換後，搖桿還持續呼叫人物的 setVelocity，導致錯誤
     */
    this.cat.once('destroy', () => {
      joyStick.removeAllListeners();
    });
  }
}
```

可以看到按下搖桿按鈕後，主角和文字都不見了。不是壞掉了，而是我們進入下一個場景了。

現在讓我們前往下一個場景。(·ω·) ノ ㄣ(·ω·)

8.7.3 遊戲開打

來到主場景的第一步就是先來加個河流吧。

src\components\window-app-cat-vs-dog\scenes\scene-main.ts

```
import Phaser from 'phaser';
import { JoyStickGame } from '../../../types/main.type';
import { SpriteCat } from '../objects/sprite-cat';

export default class extends Phaser.Scene {
  private platforms!: Phaser.Physics.Arcade.StaticGroup;
  declare game: JoyStickGame;

  private cat: SpriteCat;

  constructor() {
    super({ key: 'main' })
  }
  create() {
    // 加入中央河流
    this.platforms = this.physics.add.staticGroup();
    this.platforms.create(300, 400, 'river').setScale(0.17).
refreshBody();
  }
}
```

- staticGroup() 表示建立靜態物體群組，用於存放靜態物體。靜態物體為不受重力影響、沒有速度的物體，常用於地板、牆壁等等用途。
- refreshBody() 用於讓物體根據縮放尺寸調整碰撞箱尺寸，從以下比較圖即可知道為甚麼。

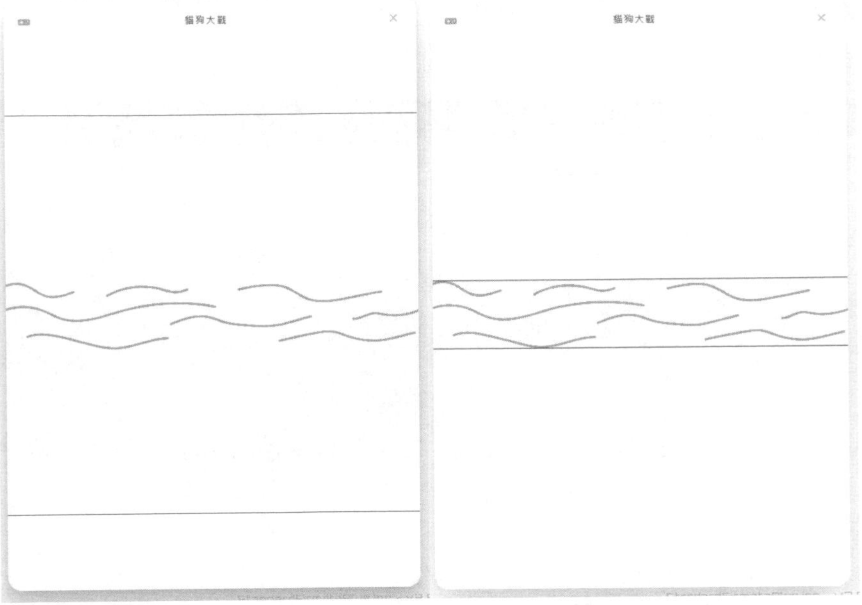

▲ 圖 8-20　refreshBody 更新碰撞箱

可以注意到使用 refreshBody() 後（右圖），河流的碰撞箱尺寸才是正確的尺寸。

接下來準備加入人物吧，讓我們複習一主角的設計。

- 透過搖桿控制人物移動，按下按鈕發射武器
- 按下按鈕發射武器，並播放發射動畫
- 血量顯示在左上角，預設 5 點
- 被敵人武器擊中時，播放被擊中動畫並減少生命值
- 生命值歸零時，觸發死亡事件

河流出現了，現在讓主角登場。

由於主場景中的主角有多個程式邏輯，直接將程式寫在場景中會讓程式難以維護，所以將主角獨立一個 class 吧！

新增 objects 目錄，用來存放各種人物 class，新增主角檔案並加入基本內容。

src\components\window-app-cat-vs-dog\objects\sprite-cat.ts

```
import Phaser from 'phaser';

export interface Params {
  x?: number;
  y?: number;
}

export class SpriteCat extends Phaser.Physics.Arcade.Sprite {
  /** 血量 */
  health = 5;

  constructor(scene: Phaser.Scene, params?: Params) {
    const x = params?.x ?? 200;
    const y = params?.y ?? 200;

    super(scene, x, y, 'cat-work');

    // 將人物加入至場景並加入物理系統
    scene.add.existing(this);
    scene.physics.add.existing(this);

    // 設定人物縮放、碰撞箱尺寸、碰撞反彈、世界邊界碰撞
    this.setScale(0.3)
      .setSize(220, 210)
      .setBounce(0.2)
      .setCollideWorldBounds(true);

    // 播放動畫
    this.play('cat-work');
```

```
    this.scene = scene;
  }
}
```

回到 scene-main 引入主角並建立物件。

src\components\window-app-cat-vs-dog\scenes\scene-main.ts

```
...
import { SpriteCat } from '../objects/sprite-cat';

export default class extends Phaser.Scene {
  ...
  private cat!: SpriteCat;

  constructor() {...}
  create() {
    ...
    // 建立主角
    this.cat = new SpriteCat(this);
  }
}
```

▲ 圖 8-21　成功加入主角物件

成功！接著加入搖桿控制人物速度的部分，透過轉為單位向量的方式限制人物速度。

src\components\window-app-cat-vs-dog\objects\sprite-cat.ts

```
...
export class SpriteCat extends Phaser.Physics.Arcade.Sprite {
  ...
  /** 最大速度 */
  private readonly velocityMax = 300;

  constructor(scene: Phaser.Scene, params?: Params) {
    ...
    const joyStick = (scene.game as JoyStickGame).joyStick;
    if (joyStick) {
      joyStick.on('data', ({ x, y }) => {
        // 將 x、y 數值組合為向量並轉為單位向量。
        const velocityVector = new Phaser.Math.Vector2(x, y);
        velocityVector.normalize();

        // 將單位向量 x、y 分量分別乘上最大速度
        const { x: vx, y: vy } = velocityVector;
        this.setVelocity(vx * this.velocityMax, vy * this.
velocityMax);
      })

      this.once('destroy', () => {
        joyStick.removeAllListeners();
      });
    }
  }
}
```

助教：「主角移動是可以移動了，但是可以穿過河流捏！ ╭(°A ,°`)╮ 」

鱈魚：「這是因為我們的主角骨骼驚奇，有輕功水上 ...」

助教：（拿出棍子）

鱈魚：「開玩笑的嘛 (•ω•`)，這是因為沒有加上碰撞啦」

需要明確告訴物理系統，哪些物件可以互相碰撞才行，回到 scene-main 加入碰撞吧。

src\components\window-app-cat-vs-dog\scenes\scene-main.ts

```
...
export default class extends Phaser.Scene {
  ...
  create() {
    ...
    // 加入河流與人物碰撞
    this.physics.add.collider(this.cat, this.platforms);
  }
}
```

成功廢除主角的輕功！ ٩(｡・∀・｡)۶

最後在主角 class 中加入減少生命值的 method。

src\components\window-app-cat-vs-dog\objects\sprite-cat.ts

```
...
export class SpriteCat extends Phaser.Physics.Arcade.Sprite {
  ...
  /** 扣血 */
  subHealth(val = 1) {
    this.health = Phaser.Math.MinSub(this.health, val, 0);
    this.play('cat-beaten', true);

    // 生命值為 0 時，發出 death 事件
```

```
    if (this.health === 0) {
      this.emit('death');
    }
  }
}
```

Phaser.Math.MinSub() 可以指定減法結果最小值，可以省去自己判斷是否減過頭的工作。

現在來讓我們加入敵方狗吧！(•̀ ω •́) ✧

回顧一下設計。

- 上下隨機移動，左右則追著主角移動
- 隨機發射武器並播放發射動畫
- 血量顯示在左上角，預設 10 點
- 被主角武器擊中時，播放被擊中動畫並減少生命值
- 生命值歸零時，觸發死亡事件
- 基本概念與主角完全相同，差別在輸入參數多一個 target，用來表示要追擊的目標。

基本概念與主角完全相同，差別在輸入參數多一個 target，用來表示要追擊的目標。

src\components\window-app-cat-vs-dog\objects\sprite-dog.ts

```
import Phaser from 'phaser';

export interface Params {
  x?: number;
  y?: number;
  /** 追擊目標 */
  target: Phaser.Physics.Arcade.Sprite;
```

```
}

export class SpriteDog extends Phaser.Physics.Arcade.Sprite {
  private target: Phaser.Physics.Arcade.Sprite;
  health = 10;

  constructor(scene: Phaser.Scene, params?: Params) {
    const x = params?.x ?? 500;
    const y = params?.y ?? 600;
    const target = params?.target;
    if (!target) {
      throw new Error(`target 必填`);
    }

    super(scene, x, y, 'dog-work');
    scene.add.existing(this);
    scene.physics.add.existing(this);

    this.setScale(0.2)
      .setSize(340, 420)
      .setCollideWorldBounds(true);

    this.play('dog-work');

    this.scene = scene;
    this.target = target;
  }

  /** 扣血 */
  subHealth(val = 1) {
    this.health = Phaser.Math.MinSub(this.health, val, 0);
    this.play('dog-beaten', true);
```

```
    if (this.health === 0) {
      this.emit('death');
    }
  }
}
```

接著要讓狗狗動起來才行，這裡透過一個固定觸發的計時器，根據目標位置計算速度，達成持續追擊的效果。

```
...
export class SpriteDog extends Phaser.Physics.Arcade.Sprite {
  ...
  constructor(scene: Phaser.Scene, params?: Params) {
    ...
    this.initAutomata();
  }
...
  private initAutomata() {
    // 追貓
    this.scene.time.addEvent({
      delay: 500,
      callbackScope: this,
      repeat: -1,
      callback: async () => {
        const vx = (this.target.x - this.x) * 1.5;
        const vy = Phaser.Math.Between(-400, 400);

        this.setVelocity(vx, vy);
      },
    });
  }
}
```

- X 方向速度為與目標之差值，這樣就會讓敵人持續往目標的方向前進。
- Y 方向則隨機運動。

大家也可以自行設計更強大的敵人 AI 喔！ (´,,•ω•,,)

現在回到 scene-main.js 建立狗敵人物件，記得將狗也加入與河流碰撞限制。

src\components\window-app-cat-vs-dog\scenes\scene-main.ts

```
...
import { SpriteDog } from '../objects/sprite-dog';

export default class extends Phaser.Scene {
  ...
  private dog!: SpriteDog;

  constructor() {...}
  create() {
    ...
    this.dog = new SpriteDog(this, {
      target: this.cat,
    });

    // 加入河流與人物碰撞
    this.physics.add.collider([this.cat, this.dog], this.platforms);
  }
}
```

▲ 圖 8-22　敵方狗自動移動

可以看到敵人成功登場，而且會持續追著主角移動了。

Phaser 處理完多種繁瑣細節，我們只要專注於遊戲邏輯即可，感覺是不是很棒啊！♪(´ ω `و)و

既然上競技場了，就是要決鬥阿，不然要幹嘛。ᕕ(ﾟ ∀ 。)ᕗ

來讓人物發射武器！血流成河吧！首先來武器規劃。

❑ 主角武器

- 會與敵人發生碰撞
- 向下飛行、隨機旋轉
- 最多只能存在 1 個武器，不能連續發射

❑ 敵人武器

- 會與主角發生碰撞
- 向上飛行、隨機旋轉
- 最多只能存在 5 個武器，不能連續發射

可以發現同一時間內會出現多個相同的武器，所以這時候要出動 Phaser 的 Group。

Group 可以用來管理重複出現的物體，更容易進行偵測與各類操作，詳細說明可以參考以下連結。

> **Tips：**
>
> Phaser.Physics.Arcade.Group：
>
> https://photonstorm.github.io/phaser3-docs/Phaser.Physics.Arcade.Group.html

可以發現不管是主角武器還是敵人武器，除了外觀以外，所有性質都相同，所以我們可以先建立 group-weapon.ts 做為武器容器，建立角色武器時再將對應的武器注入、建立即可。

src\components\window-app-cat-vs-dog\objects\group-weapon.ts

```
import Phaser from 'phaser';

/** 規定武器一定要含有 fire method */
export interface Weapon {
  fire: (x: number, y: number, velocity: number) => void
}

type WeaponClass = new (...args: any[]) => Weapon;

export interface Params<T> {
  /** 注入武器物件 */
  classType: T;
  key: string;
  /** 物體數量 */
  quantity: number;
}

export class GroupWeapon<T extends WeaponClass> extends Phaser.
Physics.Arcade.Group {
  constructor(scene: Phaser.Scene, params: Params<T>) {
    super(scene.physics.world, scene);

    const { classType, key, quantity = 5 } = params;

    // 建立多個內容
    this.createMultiple({
      classType,
```

```
      frameQuantity: quantity,
      active: false,
      visible: false,
      key,
    });

    /**
     * 物件預設 depth 為 0，
     * 設定為 1 就可以在最上層了
     */
    this.setDepth(1);

    // 移到場景外，隱藏武器
    this.setXY(-1000, -1000);
  }

  /** 發射武器 */
  fire(x: number, y: number, velocity: number) {
    // 取得群組中被停用的一個物件
    const weapon = this.getFirstDead(false);

    // 若存在則呼叫 fire method
    if (weapon) {
      weapon.body.enable = true;
      weapon.fire(x, y, velocity);
    }
  }
}
```

接著讓我們建立主角的武器 – 魚骨頭！

```
src\components\window-app-cat-vs-dog\objects\sprite-weapon-cat.ts
import Phaser from 'phaser';
import { Weapon } from './group-weapon';

export interface Params {
  x?: number;
  y?: number;
}

export class SpriteWeaponCat extends Phaser.Physics.Arcade.Sprite
implements Weapon {
  constructor(scene: Phaser.Scene, params: Params) {
    const { x = 0, y = 0 } = params;

    super(scene, x, y, 'cat-weapon');
    this.scene = scene;
  }

  /** 此 method 會被不停呼叫，可以用於持續判斷條件 */
  preUpdate(time: number, delta: number) {
    super.preUpdate(time, delta);

    /** 檢查武器是否超出世界邊界
     * 透過偵測武器是否與世界有碰撞，取反向邏輯
     * 沒有碰撞，表示物體已經超出邊界
     */
    const outOfBoundary = !Phaser.Geom.Rectangle.Overlaps(
      this.scene.physics.world.bounds,
      this.getBounds(),
    );

    // 隱藏超出邊界武器並關閉活動
```

```
    if (outOfBoundary) {
      this.setActive(false)
        .setVisible(false);
    }
  }

  /** 發射武器 */
  fire(x: number, y: number, velocity: number) {
    // 清除所有加速度、速度並設置於指定座標
    this.body.reset(x, y);

    // 角速度
    const angularVelocity = Phaser.Math.Between(-400, 400);

    this.setScale(0.3)
      .setSize(160, 160)
      .setAngularVelocity(angularVelocity)
      .setVelocityY(velocity)
      .setActive(true)
      .setVisible(true);
  }
}
```

內容其實很單純，就是呼叫 fire 後往下飛，並在超出邊際時自動隱藏。

回到 scene-main 實際建立主角武器。

src\components\window-app-cat-vs-dog\scenes\scene-main.ts

```
...
import { GroupWeapon } from '../objects/group-weapon';
import { SpriteWeaponCat } from '../objects/sprite-weapon-cat';
export default class extends Phaser.Scene {
  ...
```

```
  constructor() {..}
  create() {
...
    // 建立主角
    const catWeapon = new GroupWeapon(this, {
      classType: SpriteWeaponCat,
      key: 'cat-weapon',
      quantity: 1
    });
    this.cat = new SpriteCat(this);
...
}
}
```

建立主角武器後，利用相同概念，將武器注入主角物件中，讓主角貓可以發射這個武器，前往 sprite-cat 加入以下內容。

- 新增 weapon 變數，儲存注入之武器
- constructor 之 params 參數加入 weapon
- joyStick 監聽按鈕按下事件，用來呼叫 weapon.fire()
- 沒有任何動畫播放時，自動回歸活動動畫。

src\components\window-app-cat-vs-dog\objects\sprite-cat.ts

```
...
import { Weapon } from './group-weapon';

export interface Params {
  x?: number;
  y?: number;
  weapon?: Weapon;
}
```

```
export class SpriteCat extends Phaser.Physics.Arcade.Sprite {
  private weapon?: Weapon;
  ...

  constructor(scene: Phaser.Scene, params?: Params) {
    ...
    this.scene = scene;
    this.weapon = params?.weapon;
    ...
    if (joyStick) {
      joyStick.on('data', ({ x, y }) => {...})

      joyStick.on('rising', () => {
        // 座標設為與主角相同位置
        this.weapon?.fire(this.x, this.y, 800);

        // 播放主角發射動畫
        this.play('cat-attack', true);
        this.setVelocity(0, 0);
      });
      ...
    }
  }
  ...
  preUpdate(time: number, delta: number) {
    super.preUpdate(time, delta);

    // 沒有任何動畫播放時，播放 cat-work
    if (!this.anims.isPlaying) {
      this.play('cat-work');
    }
  }
}
```

回到 scene-main，將武器武器注入主角中。

src\components\window-app-cat-vs-dog\scenes\scene-main.ts

```
...
import { GroupWeapon } from '../objects/group-weapon';
import { SpriteWeaponCat } from '../objects/sprite-weapon-cat';

export default class extends Phaser.Scene {
  ...
  create() {
    ...
    // 建立主角
    const catWeapon = new GroupWeapon(this, {
      classType: SpriteWeaponCat,
      key: 'cat-weapon',
      quantity: 1
    });
    this.cat = new SpriteCat(this, {
      weapon: catWeapon
    });
    ...
  }
}
```

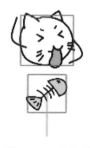

現在可以發射魚骨頭了！ ヽ(≧∀≦)ﾉ

▲ 圖 8-23 丟你魚骨

接著來讓狗狗噴骨頭吧。(ﾟ∀。)

基本上與主角貓的武器概念相同，只有圖片與碰撞箱尺寸設定不同。

src\components\window-app-cat-vs-dog\objects\sprite-weapon-dog.ts

```
...
export class SpriteWeaponDog extends Phaser.Physics.Arcade.Sprite
implements Weapon {
  constructor(scene: Phaser.Scene, params: Params) {
    ...
    super(scene, x, y, 'dog-weapon');
    ...
  }
  preUpdate(time: number, delta: number) {...}
  /** 發射武器 */
  fire(x: number, y: number, velocity: number) {
    ...
    this.setScale(0.2)
      .setSize(300, 300)
      .setAngularVelocity(angularVelocity)
      .setVelocityY(velocity)
      .setActive(true)
      .setVisible(true);
  }
}
```

現在我們要先教會狗狗如何發射骨頭。

src\components\window-app-cat-vs-dog\objects\sprite-dog.ts

```
...
import { delay } from '../../../common/utils';
import { Weapon } from './group-weapon';
```

```
export interface Params {
  ...
  weapon?: Weapon;
}

export class SpriteDog extends Phaser.Physics.Arcade.Sprite {
  ...
  private weapon?: Weapon;
  ...
  constructor(scene: Phaser.Scene, params?: Params) {
    ...
    this.weapon = params.weapon;
    ...
  }
  ...
  private initAutomata() {
    // 隨機發射
    this.scene.time.addEvent({
      delay: 500,
      callbackScope: this,
      repeat: -1,
      callback: async () => {
        await delay(Phaser.Math.Between(0, 200));
        this.fire();
      },
    });

    // 追貓
    ...
  }

  fire() {
    this.weapon?.fire(this.x, this.y, -500);
```

```
    this.play('dog-attack', true);
  }

  preUpdate(time: number, delta: number) {
    super.preUpdate(time, delta);

    if (!this.anims.isPlaying) {
      this.play('dog-work');
    }
  }
}
```

回到場景將骨頭交給狗狗吧！（´▽`）/

src\components\window-app-cat-vs-dog\scenes\scene-main.ts

```
...
import { SpriteWeaponDog } from '../objects/sprite-weapon-dog';

export default class extends Phaser.Scene {
  ...
  create() {
    ...

    // 建立敵人
    const dogWeapon = new GroupWeapon(this, {
      classType: SpriteWeaponDog,
      key: 'dog-weapon',
      quantity: 5
    });
    this.dog = new SpriteDog(this, {
      target: this.cat,
      weapon: dogWeapon
    });
```

```
    ...
  }
}
```

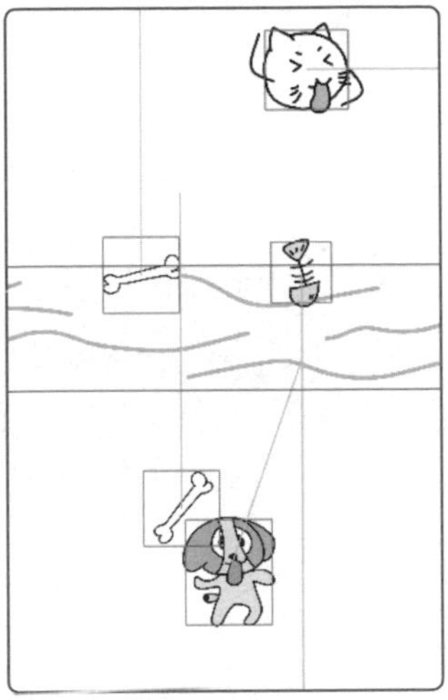

▲ 圖 8-24　吃我骨頭

可以看到狗狗開始很兇殘得丟骨頭了！ l(・ω´・l)

鱈魚：「再來就是人物與武器的激 ❤ 烈 ❤ 碰撞了！」

助教：「就不能用正常一點的方式描述碰撞偵測嘛 ...(´● ω ●`)」

加入人物扣血與勝敗部分，先將人物的血量顯示出來吧。

src\components\window-app-cat-vs-dog\scenes\scene-main.ts

```
...
export default class extends Phaser.Scene {
  ...
  private catHealthText!: Phaser.GameObjects.Text;
  private dogHealthText!: Phaser.GameObjects.Text;
```

```
  constructor() {...}
  create() {
    ...
    // 顯示生命值
    this.catHealthText = this.add.text(20, 20, `貓命：${this.cat.
health}`, {
      color: '#000',
      fontSize: '14px',
    });

    const sceneHeight = Number(this.game.config.height);
    this.dogHealthText = this.add.text(20, sceneHeight - 20, `狗
血：${this.dog.health}`, {
      color: '#000',
      fontSize: '14px',
    }).setOrigin(0, 1);
  }
  update() {
    this.catHealthText.setText(`貓命：${this.cat.health}`);
    this.dogHealthText.setText(`狗血：${this.dog.health}`);
  }
}
```

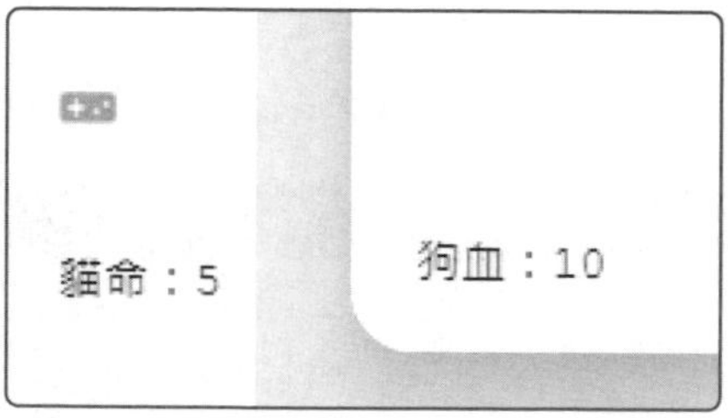

▲ 圖 8-25　畫面顯示人物生命值

可以看到畫面上多了貓命與狗血，最後就是加入人物與武器的碰撞偵測了。

並在人物血量歸零時，跳轉至下一個場景。

src\components\window-app-cat-vs-dog\scenes\scene-main.ts

```
...
export default class extends Phaser.Scene {
  ...
  create() {
    ...
    // 加入武器與人物碰撞
    this.physics.add.overlap(this.cat, dogWeapon, (cat, weapon:
any) => {
      /**
       * weapon 回傳型別有誤，所以只好先設為 any
       */

      // 隱藏武器;
      weapon.body.enable = false;
      weapon.setActive(false).setVisible(false);

      // 主角扣血
      this.cat.subHealth();
    });

    this.physics.add.overlap(this.dog, catWeapon, (dog, weapon:
any) => {
      // 隱藏武器
      weapon.body.enable = false;
      weapon.setActive(false).setVisible(false);

      // 敵人扣血
      this.dog.subHealth();
    });
```

```
      // 偵測人物事件，跳轉並傳遞結果
      this.dog.once('death', () => {
        this.scene.start('over', { result: 'win' });
      });
      this.cat.once('death', () => {
        this.scene.start('over', { result: 'lose' });
      });
    }
    ...
}
```

可以看到主角與敵人被擊中時都會播放被擊中動畫，同時減少血量。

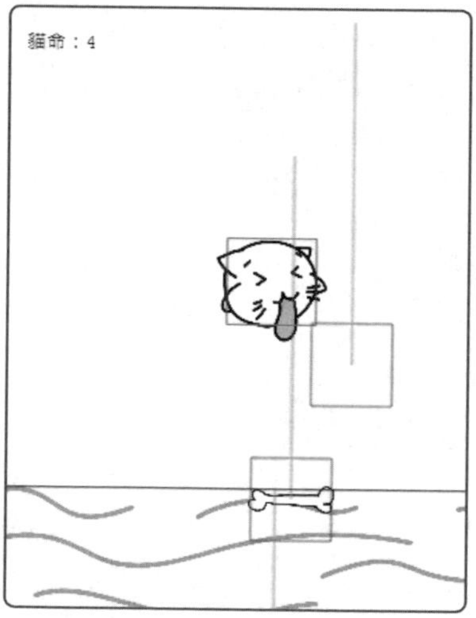

▲ 圖 8-26　被攻擊效果

貓死表示失敗，狗死表示遊戲獲勝。

結果透過第二個參數傳輸到下一個場景，就可以在結束場景判斷輸贏了。

8.7.4 遊戲結束

最後我們將結束場景完成吧。

結束場景的程式非常簡單，就是根據傳來的資料顯示對應的結果。

src\components\window-app-cat-vs-dog\scenes\scene-over.ts

```
import Phaser from 'phaser';
import { JoyStickGame } from '../../../types/main.type';

export interface GameResult {
  result: 'win' | 'lose';
}

export default class extends Phaser.Scene {
  declare game: JoyStickGame;

  constructor() {
    super({ key: 'over' })
  }
  create({ result }: GameResult) {
    const x = Number(this.game.config.width) / 2;
    const y = Number(this.game.config.height) / 2;

    const text = result === 'win' ? '恭喜獲勝' : '哭哭，被打敗了';
    const texture = result === 'win' ? 'cat-attack' : 'cat-beaten';

    // 主角
    const cat = this.physics.add.sprite(x, y - 80, texture)
      .setScale(0.5);

    // 提示文字
    this.add.text(x, y + 50, text, {
```

```
      color: '#000',
      fontSize: '30px',
    }).setOrigin(0.5);

    this.add.text(x, y + 100, '按下搖桿按鍵重新開始', {
      color: '#000',
      fontSize: '18px',
    }).setOrigin(0.5);

    const joyStick = this.game.joyStick
    if (joyStick) {
      // 延遲一秒鐘後再偵測搖桿按鈕，防止一進到場景後誤按按鈕馬上觸發
      setTimeout(() => {
        joyStick.once('toggle', () => {
          this.scene.start('main');
        });
      }, 1000);
    }
  }
}
```

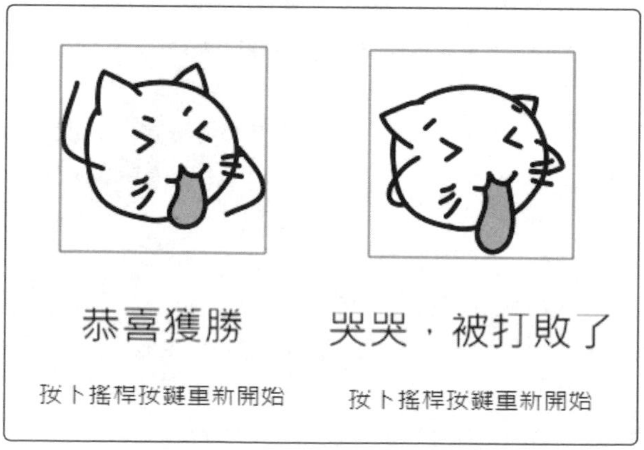

▲ 圖 8-27　獲勝畫面與失敗畫面

以上我們終於大功告成了！現在讓我們關閉 debug 模式，讓畫面清爽一點。

src\components\window-app-cat-vs-dog\game-scene.vue

```
...
<script setup lang="ts">
...
function createGame(parent: HTMLElement) {
  const game = new Phaser.Game({
    ...
    physics: {
      default: 'arcade',
      arcade: {
        debug: false,
      },
    },
  });
  ...
}
...
</script>
```

現在讓我們好好玩一場吧！ ✧*。٩(ˊᗜˋ*)و✧*。

Tips：

以上程式碼已同步至 GitLab 中，可以開啟以下連結查看：

https://gitlab.com/drmaster/mcu-windows/-/tree/feature/game-cat-vs-dog

▲ 圖 8-28　貓狗大戰展示影片
（連結：https://youtu.be/nmAgQuhyylE）

以上感謝各位讀者的閱讀，未來我們有機會再見囉！ 、(✿ ° ▽ °) ノ

APPENDIX

A

附錄

A-1 電子零件清單

項次	項目名稱	數量	使用章節
1	Arduino Uno	1	2、4、6~8
2	麵包板	1	
3	杜邦線	N	
4	三用電表（建議）	0~1	
5	按鈕	1~3	6
6	LED	1~3	6
7	50KΩ 可變電阻	1	7
8	雙軸按鍵搖桿模組 Joystick	1	8

A-2 零件購買連結

https://codfish.page.link/bookspack

Note

Note

Note

Note

博碩文化

博碩文化